# 天工奇巧

## 图解中国古代器械

刘庆天 / 张兮 / 刘瑕 / 罗克劳　编著

杜田 / 朝汎　绘

电子工业出版社·

Publishing House of Electronics Industry

北京·BEIJING

　　《华夏奇技》这个系列包含了三本书：《烟火人间：图解古人的衣食住行》《千年奥秘：图解中国古代自然科学》《天工奇巧：图解中国古代器械》，是一套不可多得的好书，人类社会总是在传承中进步和发展，中国古代科技是古人智慧的集中展现，也是需要我们学习和传承的。我们不但要了解中国古代科技知识，更要对古人的智慧进行发扬与创新。

　　《华夏奇技》系列的亮点有二：一是精当的内容取舍，在不大的篇幅中容纳了足够多的知识内容，简直就是高度浓缩的中国古代科技史。我觉得这就是一部《十万个为什么》和李约瑟的《中国科学技术史》的再现。二是精美的手绘插图，书中大量的手绘插图能体现古代科技发展的神与魂。许多插画都是对文物的再现，这些手绘插画比博物馆中的文物更灵动、更传神。

　　《华夏奇技》不仅仅是针对青少年的读物，更是每个家庭的必备图书。无论是谁，如果能打开《华夏奇技》系列，你就会立刻放下杂念，开始静心地阅读。阅读这套书，你会获得智慧的启迪，震撼的美感，从而产生无穷的力量。

　　当你计划去逛博物馆，当你准备进行一次研学旅行，《华夏奇技》系列可以随时给你一个智慧的起点。

　　去逛博物馆时，陶瓷与青铜器常常会占据我们大量的参观时间，即使是这样，我们的参观依然走马观花。真正地学习还是要从书本开始，如果你对博物馆中的展品感兴趣，不妨先从看这本书开始。

　　陶瓷，青铜，冶金，机械，兵器五大部分对应了博物馆中的大部分展品。陶和瓷的区别是什么？中国古代的青铜器是怎么分类的？陶器是人类历史上的第一次伟大创造，至今仍启迪着人们的思想。瓷器则是中华文明对世界贡献的集中体现，见证了化腐朽为神奇的力量。先学习本书中的相关知识，然后我们再去博物馆进行实地参观，你一定会有更多的收获。

　　《天工奇巧：图解中国古代器械》以新奇视角传承智慧结晶，在展示中国古代器械的过程中，让现代读者感受到中国古代工匠的智慧与巧思。

　　　　　　北京市第七中学历史教师，历史学博士，北京市西城区第五届历史学科带头人　王宗琦

# 前言

P R E F A C E

敲完最后一个字，我仰躺在椅子上长吁了一口气：终于完稿了！从确定目录大纲到码字结束，仿佛经历了多次日月轮转、潮汐往复，手起手落间 3 年已经过去了。这套书体量庞大、涉及类别众多，一百个字里或许就包含着复杂的知识点和幽微的历史，每写下一个字都必须千分小心、万分笃定，对于此类科普图书，稍有失误必定"祸害万年"。因此，漫长的写作岁月不仅说明了这套图书的来之不易，也说明了我们对这套图书的重视与把握。

中国科技发展历史根植于传统文化之中，博大精深、源远流长，如大江大河般宽广厚重，如满天星斗般璀璨绚烂，其间承载了无数前人的智慧和心血。它不仅是一部关于科技的发展史，还是一部关于中国人如何奋发图强、不断拼搏创新的自强史。在接到编辑约稿时，我内心颇为忐忑，没有底气将如此丰富多彩的中国科技成就铺陈开来细细讲述。恰好我身边有志同道合的两位同事，他们正好都对大纲中的某一领域进行过深入研究，于是我们一拍即合，决定共同撰写这套图书。后来又有天儿哥（刘庆天）加入，天儿哥深耕策展行业多年，有着丰富的撰稿经验与深厚的文字组织能力，眼界宽阔，能够触类旁通，对于我们的编撰工作而言无疑是一大助力。

近万年的中华科技文明区区几笔怎能揽其全貌？代表着中华民族从古至今拥有着先进思维和创新精神的科技发明创造又怎是我们几位仅窥其门径的后生能够全面讲述的呢？因此，这套图书的定位并不在于广博，而在于精细，在于以典型见时代、以具体见整体。我们将古代科技分为农业、纺织、建筑、交通、冶金、天文等多个方面，选取其中最具代表性的科技成就深入浅出地进行介绍，希望能让千姿百态的古代科技融汇为流动着的字符与图，让读者的整体阅读体验舒适而有趣。

我们深知，四两拨千斤式的文章手法知易行难，我们也只是 4 位初出茅庐的文字工作者。或许我们最初的愿景并未能完全实现，或许我们对古代科技的介绍仍有漏缺。但人生就是一个不断向上生长的过程，有遗憾才能有进步，世间万物不可能有真正的圆满。大成若缺，能与读者们一起进步就是作为文字工作者的我们最大的心愿。

刘瑕

2023 年 9 月

　　距离我画完这套图书的部分画稿已经有一年多了吧？或许是两年，我难以分辨出确切的时间，因为这段时间的琐事过于繁杂，我几乎遗忘了它，直到动笔写这篇前言。回忆就像一个深不见底的旋涡，我深陷其中，眼前不断地浮现着过去的画面。过去的我，过去的情绪，风一般尖啸。

　　接到委托时我刚读完大一，那是一个躁动、真实但不成熟的时期。我相当有干劲，接了就画，一拿到文稿就画，不舍昼夜，无惧前路。后来，我生活中的变数层出不穷，一切变得模糊而又锋利，让我现在来评价就是"在不适宜的时期揽下了无法胜任之事"。我只绘制了一部分，其余部分无力完成，很感谢编辑的体谅和下一位插画师杜田的接手。我长久以来难以面对此书，感到愧疚又无奈，也许现在是最后也是最好的时机再次面对它。

　　当时有一句流行的话是这样说的："到底是怎样的结局才能配得上这一路的颠沛流离？"画得特别累的时候我便会想起这句话，比起事件，情绪抢先一步在回忆中涌现，痛苦如烈火缠身，在缝隙中我憧憬着应得的结局。后来有结局吗？似乎没有。没有结局的。它成为我的一部分，融进了我的生活中。我原本痴迷于繁复的线稿和赛博朋克风格的绘画风格，如改造人、机械及帮派斗争，而如今我主要创作与中国传统文化及壁画相关的作品，如《西游记》《水浒传》、敦煌飞天和佛教文化等。我相信参与这套图书的绘制是我风格转变的众多原因之一，是冥冥之中埋下的念想。凡事难看透结局，因果交替。每一次决定，每一次成功或失败，每一次坚持或放弃，都可以是另一件事的因或果。人生如旷野，冒险者难免感到迷茫。当我回首看向来时的方向，却发现已经走出了很远。我难以预料未来会发生什么，也难以知晓过去的哪个决定会影响现在的我。但是，我只希望能够不枉坎坷，去往想去的地方。

　　话说回来，这是我见过的最全面的关于中国传统科技和文化的科普读物，它拥有无数插图，真的是"无数"。我为它的完成感到由衷的敬佩，所有人都带着无穷的勇气，为之付出了相当多的心血。谢谢编辑、作者、插画师，以及所有参与此书制作的工作人员，也谢谢读者。愿大家都能在旷野中平安，寻得快乐。

朝沨

2023 年 9 月

　　科技是科学和技术的统称，发展科学的目的是认识、了解世界，而发展技术的目的是改造自然，二者相辅相成，推动着历史的发展和文明的进步。早在千百年前，中国人就已经有了自己的科技，古代天工巧匠们的伟大发明和技术成就深刻地影响着人类文明的进步。这套图书图文并茂，展现了农业、纺织、建筑、交通等多个方面的古代科技，让大家在阅读的过程中可以清晰、直观、通俗易懂地了解到古人在各个领域的科技发明。

　　我从事绘画图解的工作已有四五年了，最初在创作第一本图解书《华夏衣橱：图解中国传统服饰》时，就曾想有没有一本书以图解的方式讲述古代的纺织技术呢？因此我在接到绘制这套图书的插图工作时十分激动。能用插图描绘千百年前的古代科技，能让现代人感受到古人在探索、改造自然的过程中无尽的创造力和智慧是一件非常有意义的事。

杜田

2023 年 9 月

编委会名单：

刘庆天　刘　瑕　杜　田

张　兮　罗克劳　朝　汎

目 录

天工奇迹
C O N T E N T S

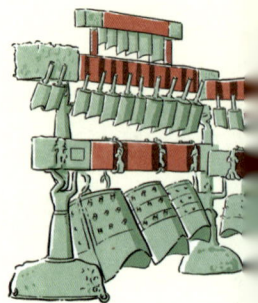

华　夏

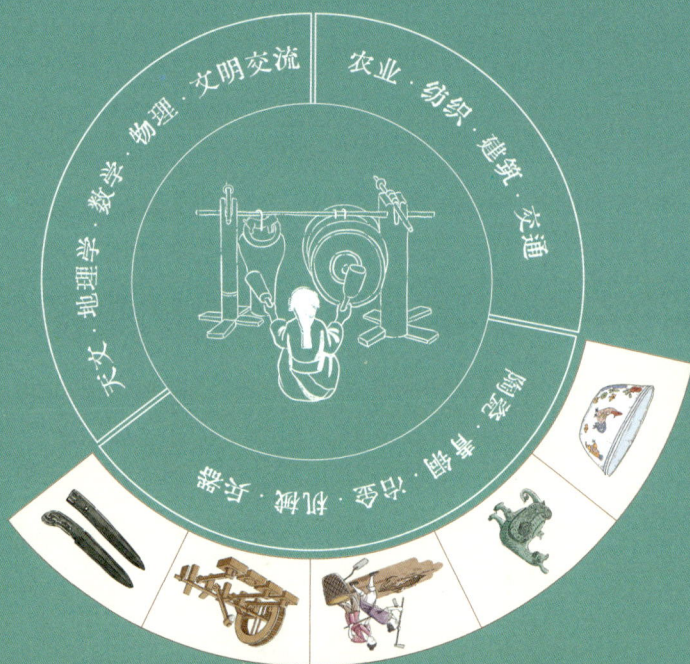

农业·纺织·建筑·交通

文明交流·物理·数学·地理学·天文

陶瓷·冶金·书画·机械·军事·医药

# 天工奇迹

第 1 章

大器晚成：陶瓷

图 — 解 — 中 — 国 — 古 — 代 — 器 — 械

# 1.1 陶器

据考古发现，我国是最早制造并使用陶器和瓷器的国家之一。在漫长的发展过程中，我国的陶瓷制作技术一直处于世界领先水平，取得了极其辉煌的艺术成就。洞穴里用于烹煮食物的粗陶釜、文人案头的白瓷水盂、欧洲皇宫里的青花大罐等集实用性和艺术性于一体的陶瓷，不仅方便了古人的日常生活，还丰富了他们的精神世界，甚至是东西方文化交流的重要载体和见证。英语单词"China/china"既可以翻译为中国，也可以翻译为瓷器，这说明瓷器是我国古代灿烂文化的杰出代表。

> **陶与瓷**

| 陶器 | 炻（shí）器 | 瓷器 |
|---|---|---|
| 吸水率：4%~20% | 吸水率：0~5% | 吸水率：≤ 0.5% |
| 烧成温度：800~1100℃ | 烧成温度：1140~1280℃ | 烧成温度：1200℃以上 |
| 使用原料：一般黏土 | 使用原料：黏土、长石、石英 | 使用原料：高岭土、瓷石 |
| 胚体：疏松，不透明 | 胚体：致密，未玻化，不透明 | 胚体：致密，半透明 |
| 硬度：较低 | 硬度：较高 | 硬度：较高 |

新石器时代马家窑文化
四大圈旋纹彩陶壶

明代宜兴时大彬制紫砂壶

明代五彩鱼藻纹盖罐

瓷器的发明是我们的祖先在长期制陶过程中，
不断地认识原材料性能，总结烧成技术，积累丰富经验，
从量变到质变的结果。

陶器是以黏土为胎，加工成型后，在800~1100℃下焙烧而成的器具。陶器既满足了农业定居生活的需要，又推动了人类社会文明发展的进程，是人类的伟大创造。我国的陶器诞生于新石器时代，先民在探索土和火的过程中不断地提高陶器烧成技术，并取得了辉煌的艺术成就。

# 1.1.1 远古之光：史前时代的陶器

## 陶器起源

陶器是怎么发明的？或许是古人利用火的时候偶然发现被火烧过的泥土会变得坚硬、不透水，于是经过长时间探索，开始将泥土制成容器并烘烤，最终创造出一种全新的人工制品——陶器。

考古学家通过"碳十四测年法"对出土于江西万年仙人洞遗址的陶片进行了年代测定，其中年代最早的陶片距今约 19000~20000 年，说明我国的陶器在农业出现以前就被古人制造和使用了。

就人类文明史而言，陶器的发明具有划时代的意义。人类使用陶器储存和烹煮食物可以从食物中获取更多的营养，使适应自然环境的能力得到提高，同时生存与行为模式也开始发生重大改变，人类逐渐从狩猎采集走向农业定居生活，文明的曙光随之显现。

迄今为止世界上最古老的陶罐之一

## 新石器时代的陶器艺术

甘肃 马家窑文化

神人纹彩陶壶

甘肃 齐家文化

红陶人头像

花瓣纹彩陶盆

河南 仰韶文化

辽宁 红山文化

涡纹彩陶盖瓮

山东 大汶口文化

白陶单把杯

新石器时代，我国的陶器制作技术在生活需要下快速发展并逐渐成熟。由于地理环境和制陶技术的差异，我国各地文化区域相继诞生了红陶、彩陶、黑陶、白陶等地域特色十分明显的陶器，它们以简约流畅的造型、绚丽丰富的色彩、粗犷灵动的彩绘共同呈现了远古陶器的原始生命力与艺术魅力。

大汶口文化时期，人们已经开始将高岭土作为制作白陶的原料，并对白陶进行高温烧制，这为瓷器的发明奠定了技术基础。

四川 大溪文化

筒形彩陶瓶

浙江 河姆渡文化

黑陶猪纹钵

浙江 良渚文化

黑陶豆

# 1.1.2  泥火幻化：陶器的制作流程

备料 + 成型 + 装饰 + 烧制 = 陶器

## 备料

黏土是制作陶器的原料之一，由岩石风化而成，在自然界中分布广泛，很容易获取。

黏土的主要成分是硅和铝的氧化物，还有钾、钠、镁、钙、铁、钛等化合物。

黏土在湿润状态下可以塑型，在高温状态下可以烧结固定成型。

黏土中的易熔物质被烧熔后会填满坯体的缝隙，使黏土变得耐高温、坚固致密、不易透水。

在塑型之前，黏土还要经过淘洗、粉碎、炼土、陈腐等工序，使胎质更加细密。

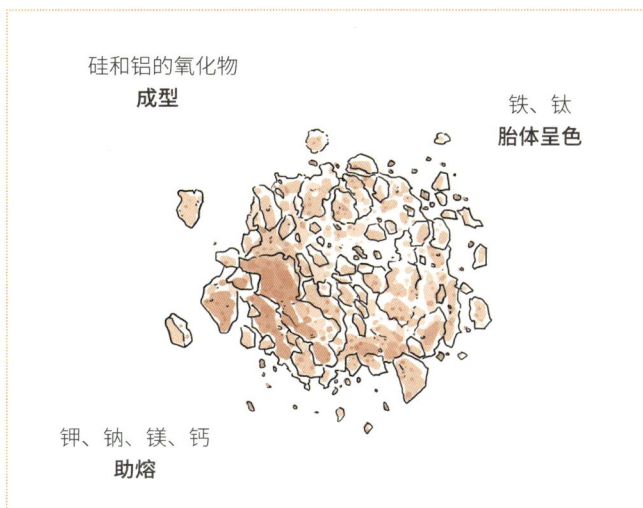

硅和铝的氧化物
**成型**

铁、钛
**胎体呈色**

钾、钠、镁、钙
**助熔**

**夹砂陶**

为了改善黏土的性能，古人在黏土中加入砂子（石英颗粒）、稻壳、贝壳碎屑等羼（chàn）和料，这样可以减少烧制过程中陶坯变形或破裂的情况，提高成品率。

**泥质陶**

经过仔细淘洗，清除了黏土中的杂质，烧出的陶器更加细腻光滑。

## 成型

按照使用需求将处理好的黏土制作成不同的形状。其中，"捏塑法""泥条盘筑法""泥片贴筑法"是较为原始的方法，"轮制法"是最常用的方法之一，"模制法"常用于制作陶俑或陶塑。

**捏塑法**
用手将黏土捏成需要的形状。

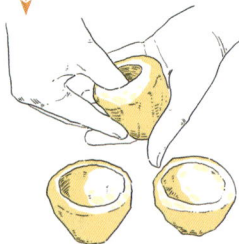

**泥条盘筑法**
先将黏土搓成泥条，再从下至上盘绕成型，最后用泥浆胶合成为整器。

**泥片贴筑法**
将黏土捏成泥片，一块一块地敷贴在一个类似内模的物体外面，形成陶器整体。

**模制法**
将泥料在预先设计好的模子上制坯、成型。

## 装饰

成型后的陶坯在入窑前需要晾晒，这时候可以对陶器进行装饰。

磨光黑陶觚（gū）形器

**磨光**
用坚硬的工具对陶器表面进行打磨，使陶器细腻有光泽。

在陶器上拍印的细绳纹

**印花**
用绳子、梳篦（bì）或有花纹的特制工具在陶器表面按压、拍印，可以快速形成纹饰。

旋纹尖底彩陶瓶

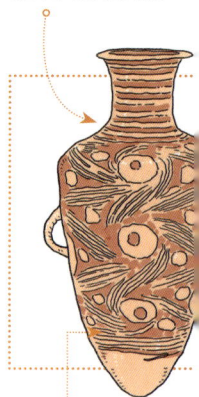

**彩绘**
用矿物颜料在陶表面绘画。

## 烧制

烧制是把黏土变为陶器的关键一步。

烧制过程中温度的高低和燃烧气氛的变化直接影响最后的烧制效果。

● **气氛**

气氛是指窑炉内部特殊的气体环境。在烧制过程中，如果氧气充足，窑炉内就会有较多游离的氧离子，形成氧化气氛。相反，如果窑炉密封较好，供氧不足，窑炉内就会形成还原气氛。

铁元素含量

**黏土**

铁元素含量

**轮制法**

将陶坯放在有转轴的圆台上，通过旋转圆台，用手、工具拉坯或修整器型。

轮制法的出现可谓是制陶技术的一次飞跃。机械陶车的使用不仅提高了制陶的生产力，还使陶器更薄、更规整。据考古发现，新石器时代就已出现快轮制陶技术。

**这只杯子不一般**

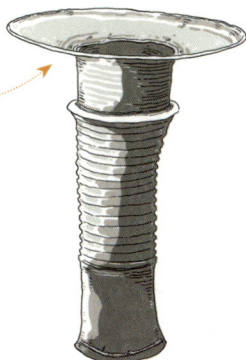

**蛋壳黑陶杯**

**新石器时代·龙山文化**

采用快轮制陶技术，杯壁轻薄如蛋壳，其厚度仅有一两毫米，器型规整匀称，体现了新石器时代陶器制作的最高水平。这种制作难度非常大的蛋壳陶是用于祭祀的礼器，代表了当时物质文化、精神文化的最高成就。

**什么是"化妆土""陶衣"？**

绘制前，工匠会在陶器表面抹一层非常细腻的泥浆，使更加光滑、平整，既像穿了件衣服，又像化了底妆，因此，匠人涂抹的这层泥浆被称"化妆土"或"陶衣"。

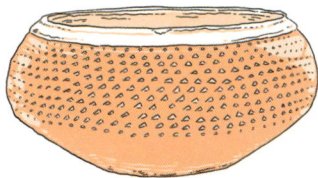

剔刺纹陶罐

**刻画**

用坚硬的工具在半干的陶坯上刻画或剔刻各种纹饰。

镂空红陶器

**镂空**

在器物表面制作孔洞，并将其作为装饰，孔洞的形状多为几何形。

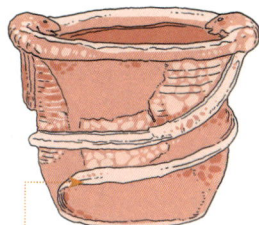

贴塑蛇纹陶罐

**堆塑**

堆塑是指在陶坯半干时用泥条或泥饼等材料装饰于器物上，并做出花纹、十字交叉纹、平行等不同种类的艺术效果。

| | |
|---|---|
| 氧化气氛 | 红陶、褐陶 |
| 氧化气氛 + 还原焰烟熏 | 黑陶 |
| 还原气氛 | 灰陶 |
| 高温 | 白陶 |

**● 窑炉**

虽然烧制陶器不需要达到烧制瓷器那么高的温度，但是烧制温度过低也不行。

为了提高烧制温度，降低材料成本，更精确地控制火焰燃烧范围和烧成气氛，烧制出更加坚固、美观的器皿，工匠们不断地改进烧制方法，由此发明了窑炉。

陶窑的发明，是我国制陶史上一个巨大的进步。

烧制温度较低，陶器的呈色不均匀。

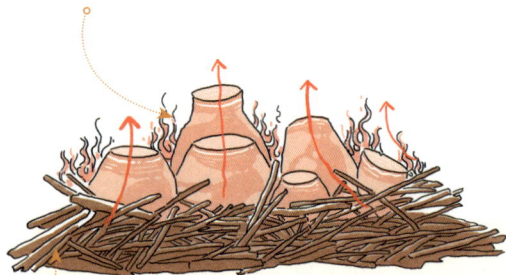

**平地堆烧**

将陶坯堆在平地上，陶坯周围放上干草，点火燃烧，待火熄灭即可。现在，我国云南西双版纳傣族地区还在使用这种古老的方法。

火力作用于坑内，相对安全，同时提高燃烧效率。

**坑烧**

向地下挖坑，将干草与陶坯放入坑内，点火烧制。

窑壁可以更好地聚集热量温度可达 900℃ 左右，器的烧制质量进一步提高

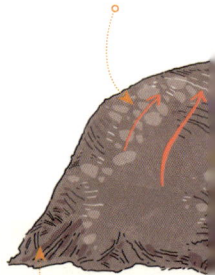

**一次性薄壳窑**

将干草与陶坯堆好，树枝和泥巴糊成一个壁，在外壁顶部留出烟孔，最后点火烧制。

　　以下几种窑都是在横穴窑和竖穴窑的基础上逐渐优化形成的，不仅提高了窑炉内的温度，还可以更好地控制窑炉内的燃烧气氛。高温窑炉一般用于烧制瓷器。

馒头窑的排烟孔设置在窑室下后方，由于火焰有先上升后下倒的趋势，因此这种窑也被称为"倒焰窑"。

火焰在窑室内的流经距离变长，停留时间也变长，窑温进一步升高。

**馒头窑**

在竖穴窑基础上发展而来，因外形像馒头而被称为"馒头窑"，又因窑炉形状像马蹄而被称为"马蹄窑"，是我国北方地区传统的用于烧制瓷器的窑炉。

窑室极长，产量较多；易通过控制进气量在窑内形成还原气氛，适合烧制青瓷或青白瓷。

利用自然地势形成前低后高的坡度，快速提高窑温。

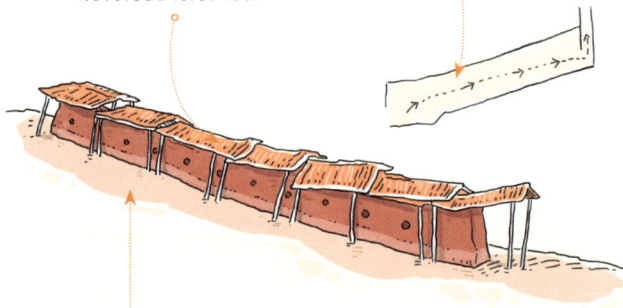

**龙窑**

在横穴窑基础上发展而来，多依山势而建，前低后高，窑室极长，因形如卧龙而被称为"龙窑"，它是我国南方地区的传统窑炉，在商代就已出现。

窑炉的雏形

窑址固定，可反复使用；保温性好，烧成温度高；器物与燃料隔离，烧成率高。

火焰受顶部吸力作用由火膛直升窑室，窑内温度可快速提高至1100℃，烧成质量大幅提高。

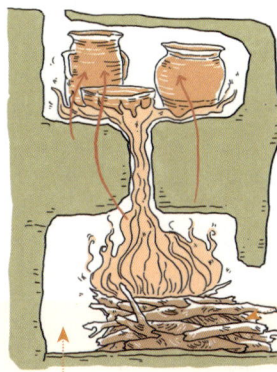

### 横穴窑

新石器时代早期已出现"横穴窑"，即火膛、窑室横向排列。烧成时，火焰从窑室底部升起，向上流经坯件，烟从顶部的排烟孔排出，因此这种火焰呈上升走向的窑也叫"升焰窑"。

### 竖穴窑

在新石器时代中晚期，古人发明了"竖穴窑"，这也是一种升焰窑，但窑室竖着位于火膛之上，因此叫"竖穴窑"。

级窑结合了龙窑与馒头窑的点，既有龙窑产量多的优点，有馒头窑容易控制温度的优，每个窑室的余热依次接力制，可以节省燃料和成本。

相对提高了产量，同时能较好地控制烧制质量。

窑室容积大，各部位温度不同，易于控制烧成气氛，可一次性烧制多种瓷器。

窑身全长15～20米，窑室前面高而宽，像平放的鸡蛋。

### 级窑

级窑由一个个馒头窑沿一定的阶梯度连通而成，也被称为"分室龙窑"，早出现于明代福建德化地区。

### 葫芦窑

将两个馒头窑连接起来，因形似葫芦而得名"葫芦窑"，元末明初时出现于景德镇。

### 蛋形窑

明末清初时，蛋形窑于景德镇由葫芦窑发展而来，因为它是景德镇特有的类型，所以也被称为"镇窑"。

# 1.1.3  无处不在：陶器的多样功能

制陶技术是古人最早掌握的一项技术，因为制陶成本低，陶器易制作，所以陶器的使用范围十分广泛。随着陶器烧制技术的发展，人们根据生活需求制造出各种类型、各种体量的陶器。陶器在古人的生活中可谓无处不在。

## 日用

陶器最初诞生的时候，就是为了满足盛装和烹煮的日常需求。此外，陶也被用来制作生产工具和建筑材料。

陶釜

**烹煮器**

陶质工具和建筑材料

兽头陶模

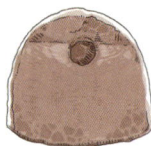
陶权

龙纹瓦当

万岁瓦当

陶盘

陶杯

陶排水管

陶井圈

陶钵

陶壶

板瓦

市肆画像砖

陶盆

陶碗

陶罐

陶豆

**盛装器**

纺轮

陶网坠

# 明器

明器是古人专门为随葬而制作的器物。

古人通过制作各种仿真的俑和模型来模拟逝者生前的生活，而陶质明器是比较普遍的一种。

通过考古大量陶质明器，不仅能够了解古人的日常生活与思想观念，还可以了解陶器制作技术的发展与成就。

## ● 礼器

专门为丧葬制作的礼器，用于表明墓主的身份和地位。

汉代彩绘陶方壶　　　　西汉三角纹彩绘陶壶

## ● 陶塑

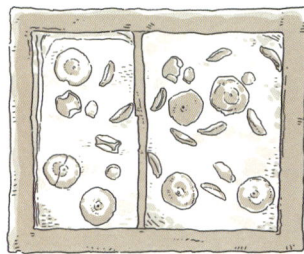

汉代陶仓　　东汉七层连阁式陶仓楼　　西汉陶井　　东汉陶水塘

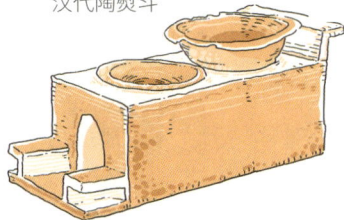

西晋灰陶牛车

汉代陶熨斗

东汉彩绘神兽多枝陶灯　　　汉代陶灶　　　元代陶马车

● 陶俑

细节丰富、栩栩如生的兵马俑被誉为"世界第八大奇迹"。

秦始皇陵兵马俑

东汉击鼓说唱俑

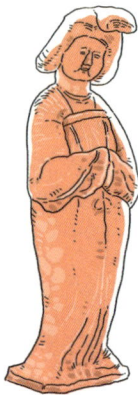

唐代彩绘拱手女立俑

唐代陶天王俑

西汉陶鸡

东汉陶猪

汉代陶鸭

东汉陶狗

唐代三彩釉陶载乐骆驼

唐代三彩镇墓兽

**唐三彩**

实际上，"唐三彩"不是瓷器，而是一种有多种色彩的低温铅釉陶器，因以黄、绿、白3种色彩为主，故人们称为"三彩"。三彩的成功烧制表明了古代工匠对陶器艺术造型与呈色的把控达到了一个新高度。

# 1.2 瓷器

　　瓷器是将瓷土、瓷石上釉后经高温烧制而成的器物，是我国古代劳动人民的重要发明。我国制瓷历史源远流长，从质朴古拙的原始瓷到温润如玉的青瓷，从蓝白相间的青花瓷到五光十色的彩瓷，瓷器制作工艺不断成熟，瓷器种类不断丰富，创造了许多艺术珍品。美丽光洁的瓷器不仅在日常饮食起居中扮演着不可或缺的角色，还曾作为我国最重要的外销产品之一远渡重洋，并享誉世界。

看起来光洁细腻，敲起来声响清脆，用起来轻巧坚固。

宋代龙泉窑青釉盘口瓶

坯料加上助熔剂后形成釉料，施加于胎体上。釉料在高温下熔融并附着于胎体，胎体表面形成玻璃状表层。

$$瓷器 = 坯料 + 釉料 + 高温焙烧$$

坯料由高岭土和瓷石混合而成，具有良好的可塑性和耐火性。

烧成温度必须在1200℃以上。

## 1.2.1　瓷器之路：瓷器的发展简史

### 商代·原始瓷器

早在商代，我国就已经出现了原始瓷器，但当时瓷器的烧成温度较低，胎釉结合不够紧密，瓷器的胎体、釉层厚薄不均，造型也不太规整，总而言之，烧成效果不太理想。

商代原始瓷青釉弦纹罐

### 东汉·成熟瓷器

到了东汉，经过长期的经验积累和探索，浙江绍兴上虞一带窑厂的工匠终于用"龙窑"烧制出成熟的青釉瓷器，使我国成为最早发明瓷器和生产瓷器的国家。

东汉越窑青瓷刻划纹钟

### 唐代·南青北白

早期瓷器主要用铁作为呈色剂，铁元素含量越高，瓷器的颜色越深。当釉料中的铁元素含量小于1%时，就能烧成白瓷。在隋代，工匠终于发现了这一秘密，并成功烧制出既不会闪黄又不会泛青的白瓷。虽然真正意义上的白瓷烧成于北朝，比东汉晚期已经非常成熟的青瓷晚了好几百年，但是洁白光润的白瓷广受人们喜爱。到了唐代，逐渐形成了北方白瓷与南方青瓷势均力敌的局面，其中南方以越窑青瓷为代表，北方则以邢窑白瓷为代表。因此，人们常用"南青北白"或"南越北邢"来概括唐代的瓷器生产格局。

唐代邢窑白釉壶　　　　唐代越窑青釉执壶

白瓷烧制成功标志着制瓷工艺进步，也为元代、明代、清代彩瓷的出现奠定了基础。

秘色瓷被称为"唐代青瓷之最"。虽然隋唐五代时期的文人对秘色瓷有许多称颂，但是什么样的越窑釉色可以被称为"秘色"，一直众说纷纭，十分神秘。1987年，陕西扶风法门寺地宫出土了13件越窑青瓷，从记录法门寺皇室供奉器物的物帐上可知"瓷秘色"就是秘色瓷。这些瓷器釉色青绿，晶莹润泽，如碧波一般，优美至极。

唐代越窑青釉直颈瓶

## 宋代·百花齐放

瓷器问世后因美观、实用，逐渐成为人们不可或缺的生活用品。宋代是我国瓷器发展的高峰时期，这时候瓷器工艺成就突出，瓷业也异常繁荣。全国各地分布着大大小小的窑场，每个窑场生产的瓷器因原料、工艺、审美取向的差别而各具特色，形成了百花齐放的生产局面，其中以官窑、哥窑、汝窑、钧窑、定窑5个窑口的产品最为有名。

官窑　　　　　哥窑

　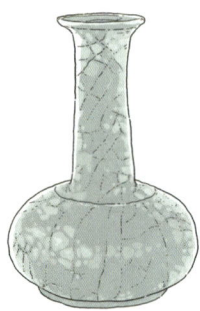

粉青釉瓶　　　青釉弦纹瓶

汝窑　　　　钧窑　　　　定窑

天青釉圆洗　玫瑰紫釉长方花盆　白釉刻花萱草纹盘

## 元代·承前启后

元代瓷器生产比较突出的成就是在景德镇窑烧制出成熟的青花瓷器。这是一种釉下彩绘瓷，先用蓝色彩料在瓷胎上绘出各种纹饰，再施加上透明釉料，在高温还原焰中一次烧成。这种白地蓝花的瓷器不仅很快受到了人们的喜爱，迅速流行起来，还彻底改变了我国以单色釉为主要生产瓷器的局面，成为明清时期瓷器生产的主流。此后，在白地瓷器上加彩绘制的彩瓷开始增多。

元代青花鱼莲纹罐

## 明代·一枝独秀

明代，其他地方的窑口纷纷在与景德镇窑的竞争中败下阵来。景德镇窑凭借优质的原料、成熟的工艺而蓬勃发展，工匠已经熟练把控瓷器的呈色，不仅能烧制出最为优质的青花、釉里红等釉下彩瓷器，还创烧出了五彩、斗彩等新的釉上彩瓷，颜色釉瓷器也更为丰富多样，瓷器种类让人眼花缭乱。景德镇由此成为名副其实的"瓷都"。

### ● 五彩

五彩为彩瓷种类之一，意为多彩。先在已经高温烧成的白瓷或局部绘制了图案的青花瓷上用其他彩料描绘纹饰，再将瓷器放入彩炉内低温二次烧制，便可得到五彩。

### ● 斗彩

斗彩为釉下青花与釉上彩结合而成的彩瓷。先用青花料在胎体上双勾，描绘出纹饰的轮廓线，再施釉高温烧制，接着填入彩料，最后低温烧制瓷器，经低温烧制后的瓷器好像釉下彩与釉上彩在比美斗彩，所以被称为"斗彩"。

明代嘉靖年间的五彩灵芝桃树纹盘

明代宣德年间的五彩山石花卉罐

明代嘉靖年间的斗彩灵芝纹盘

明代成化年间的斗彩鸡缸杯

## 清代·异彩纷呈

清代，尤其是康熙、雍正、乾隆这三朝，皇家对瓷器的喜爱和推崇使人们对瓷器工艺的提升不计成本，瓷器制作工艺可谓集古今中外之大成，达到了一个新的历史高度。而景德镇窑仍然保持着一家独大的优势，不断推出样式新、品质好的瓷器，传统品种单色釉、青花瓷的制作水平和新品种珐琅彩、粉彩的制作水平都已经登峰造极。

### ● 珐琅彩

珐琅彩是一种极其名贵的宫廷御用彩瓷。需先在景德镇窑烧制好白瓷，再将白瓷送到清宫造办处，接着用从欧洲进口的珐琅彩料绘彩，最后将其放在彩炉中低温烧成。

### ● 粉彩

粉彩为釉上彩种类之一。在烧好的白瓷上，先用含砷的"玻璃白"打底，再用芸香油调和材料并描绘图案，晕染纹饰，最后将瓷器放入彩炉内低温烧制。烧成的瓷器颜色丰富、淡雅、柔美，且有浓淡明暗变化，富有层次感和立体感。粉彩诞生后，改变了青花一枝独秀的局面，并与青花成为清代主要的瓷器种类。

清代乾隆年间的珐琅彩双环瓶

清代雍正年间的粉彩蟠桃纹天球瓶

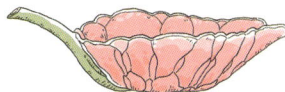

清代景德镇窑粉彩莲花吸杯

## 1.2.2 浴火而生：瓷器的制作流程

要制作出美丽光洁的瓷器，需要经过若干复杂的工序。

**第一步：取土。**

从山中采挖高岭土、瓷石、石英石等制瓷原料。

**第二步：练泥。**

用水碓舂（duì chōng），或人力将瓷土捣细，淘洗、过滤后分离杂质。用人力或畜力不断地揉搓、踩踏、拍打瓷泥，使其软硬适中、均匀细腻。

**第八步：旋坯。**

旋坯也称利坯，将坯体倒放在辘轳车的利桶上，转动车盘，用刀慢慢旋削，这样可以使坯体厚薄一致，表里光洁。

**第七步：印坯。**

将晾晒半干的坯体倒放在模具上，均匀地按压坯体外壁，然后脱模，这样可以基本确定坯体的形状。

**第九步：画坯。**

在做好的瓷坯上绘制纹饰。

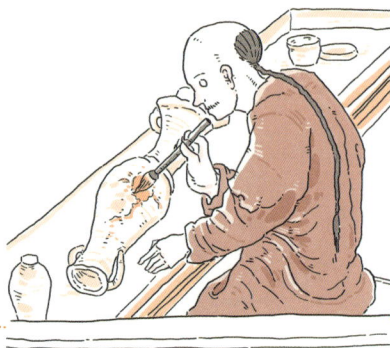

**第三步：镀匣。**

将瓷坯放在特制匣钵内烧制，以防烧制过程中瓷坯落灰或互相粘连，因此需提前准备好匣钵。用比较粗劣的土拉成匣坯，然后入窑空烧，就可以得到匣钵。

**第四步：修模。**

圆形瓷器都有一个标准模子。做坯前需要反复对标准的模子进行修整。

**第六步：做坯。**

圆形瓷器一般由拉坯车初步拉坯成型。制作方形器物一般先用平板把坯拍成片状，再裁剪、黏合成型。初步做好的坯体需整齐地摆在木架上晾晒。

**第五步：洗料。**

瓷器的釉料由矿物质组成，需要经过挑选、洗净、入窑炼熟后才能使用。

**第十步：荡釉。**

荡釉也称上釉，可以用毛笔将釉料涂抹在坯体上，或者将坯体直接放入釉缸里蘸满釉料，也可以用竹筒将釉料均匀地吹在坯体上。

**第十一步：满窑。**

将上好釉的瓷器装入匣钵中，根据烧制要求，将匣钵放入窑炉内，封闭窑门后点火烧窑。

烧窑时留一个砖孔，方便观察火候，若达到火候则停止烧火，闷熏一天一夜后就可以开窑了。

**第十二步：开窑。**

窑工进窑取出烧好的匣钵。其中青花等釉下彩瓷和单色釉是一次烧成的瓷器。

**第十三步：彩器。**

五彩、粉彩等彩瓷需要在烧好的白瓷或青花瓷上进行二次加彩。

**第十四步：炉烧。**

加彩后，将瓷器放入窑炉内低温焙烧以固定颜色，最终成功制出五颜六色的彩瓷。

## 1.2.3 出窑万彩：千变万化的釉色

在釉料中添加金属氧化物将其作为呈色剂，通过调节金属氧化物的类别和含量，再配合窑炉中不同的火焰气氛和烧成温度，最终釉面呈现千变万化的颜色。

烧窑时，火焰气氛主要有燃料完全燃烧的氧化气氛和不完全燃烧的还原气氛。

$$釉色 = 呈色剂 + 火焰气氛 + 烧成温度$$

铁、铜、钴、锰等金属氧化物。

瓷器胎体烧制需要高温，但釉料的烧成温度可分为高温（1200~1350℃）、中温（900~1200℃）和低温（600~900℃）。

| 金属名称 | 氧化焰的颜色 | | | 还原焰的颜色 | | |
|---|---|---|---|---|---|---|
| | 高温 | 中温 | 低温 | 高温 | 中温 | 低温 |
| 铜 | 绿 | 绿 | 绿 | 红 | 绿 | |
| 钴 | 蓝 | 蓝 | 蓝 | 青、蓝 | | |
| 锰 | | 紫、赤褐 | | | 褐、黑褐 | |
| 锑 | | | 黄 | 无色 | 无色 | 无色 |
| 金 | | 粉红、紫 | | | 粉红 | |

### 以氧化钴为呈色剂

**釉瓷在高温还原气氛中呈蓝色**

**高温蓝釉：**

属高温石灰碱釉，呈色剂为氧化钴，最早出现在元代。明清时期，古人在元代蓝釉的基础上相继创烧出霁蓝、洒蓝、回青、天青、宝石蓝等各色釉。

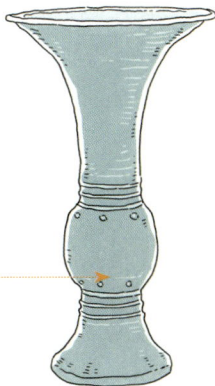

清代康熙年间的天蓝釉花觚

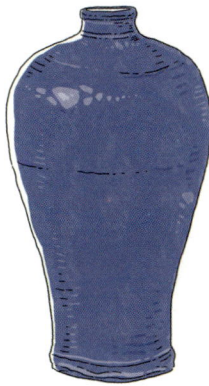

明代嘉靖年间的
霁蓝釉梅瓶

**釉瓷在高温还原气氛中呈青色**

唐代越窑青釉
海棠式大碗

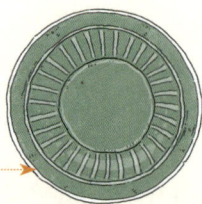

宋代龙泉窑梅子青釉
菊瓣纹洗

清代景德镇窑豆青釉
双耳瓶

宋代景德镇窑青白釉
刻花梅瓶

明代德化窑白釉
刻花玉兰纹尊

**青釉：**
氧化铁含量占比为 1%~3%，呈青绿色，
是我国最早的颜色釉。

**青白釉：**
氧化铁含量占
比 约 为 1%，
釉色介于青白
之间。

**白釉：**
氧化铁含量占比
小于 1%，釉色
透明，透出白色
胎体。

**釉瓷在高温氧化气氛中呈棕色、黑色**

宋代建阳窑黑釉盏

宋代耀州窑酱釉碗

宋代定窑紫金釉葵瓣口盘

**黑釉：**
氧化铁含量占比为 6%~8%。

**酱釉：**
氧化铁含量占比大于 5%。

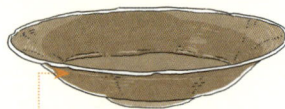

**紫金釉：**
棕偏黄的一种酱釉。

**釉瓷在低温还原气氛中呈珊瑚红、黄色**

**矾红釉：**
以氧化铁为呈色
剂的低温红釉。

**黄釉：**
以氧化铁为呈色
剂的低温釉瓷。

明代嘉靖年间的矾红釉梨式执壶　　清代雍正年间的黄釉盅

**釉瓷在高温还原气氛中呈红色**

清代康熙年间的郎窑
红梅瓶

清代雍正年间的
霁红釉胆式瓶

明代宣德年间的
鲜红釉碗

清代康熙年间的豇豆
红釉莱菔瓶

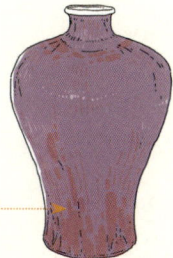

清代乾隆年间的窑变
釉梅瓶

**高温红釉：**

以氧化铜为呈色剂，经还原焰高温一次烧成，按
色泽分为鲜红、霁红、豇豆红、郎窑红等。

**铜红窑变釉：**

氧化铜含量占比为 0.3% ～
0.5%，采用两次或多次上釉
的方法烧成。

**釉瓷在氧化气氛中呈绿色**

明代正德年间的孔雀
绿釉碗

清代雍正年间的秋葵绿釉
如意耳瓶

清代乾隆年间的松石
绿釉镂空花篮

清代雍正年间的绿哥釉
小橄榄瓶

## 第 2 章

其金孔吉：青铜

图 / 解 / 中 / 国 / 古 / 代 / 器 / 械

# 2.1 冶炼

　　青铜是人类冶金史上最早制作出来的合金，也是一种文明的象征。我国青铜文明源于新石器时代末期，在商周时期发展到顶峰。在很长一段时间里，青铜器主要用于军事，或作为礼制的象征物在社会政治生活中扮演着重要角色，在世界文明史上占有特殊地位。但从战国后期至秦汉末年，随着铁制品的广泛应用和陶器、瓷器的发展，青铜器逐渐失去主导地位。

　　冶炼是我国古代的一项重要技术，其过程包括采矿、选矿、制模（制范）、冶铸和修饰等，当中的采矿和选矿是冶炼的基础工作。

## 2.1.1 采矿

中山王方壶

　　《管子·地数》记载："出铜之山，四百六十七山，出铁之山，三千六百九山……"可见当时我国的铜矿资源非常丰富。我国最早的采铜冶炼活动发生在黄帝、蚩尤时代，文献中有详细记载。《史记·封禅书》记载："黄帝采首山铜，铸鼎于荆山下。"黄帝之后，还有大禹铸九鼎、夏启在昆吾铸鼎的传说。在已经发现的青铜器铭文中有关于铸铜的记载，出土于河北平山战国中山王墓的中山王方壶上有"择燕吉金，铸为彝壶，节于禋醲，可法可尚，以飨上帝，以祀先王"的刻铭，其中燕吉金是铸造用料，也是燕国产的优质铜料；同时铭文中已说明铸造原因是祭祀。

　　除了文献等资料中的记载，还通过考古发掘证明了商代已经有采集铜料的活动，已经发现的遗址主要有江西瑞昌的铜岭铜矿遗址、湖北大冶的铜绿山古铜矿遗址、内蒙古自治区林西的大井古铜矿遗址、湖南麻阳古铜矿遗址和安徽铜陵的金牛洞古采矿遗址，还在新疆维吾尔自治区尼勒克发现了奴拉赛铜矿遗址。

　　其中，铜岭铜矿遗址是我国年代最早、保存完整、内涵丰富的一处大型采铜、冶铜遗址，位于江西瑞昌幕阜山东北角，现存3处冶炼区，初步估算炼渣有数十万吨，通过碳十四测定，距今3330年左右，这说明铜岭铜矿遗址所在年代最早为商代中期，并一直延续到战国时期。铜岭铜矿遗址出土了木锛（bēn）、木铲等采掘工具，木撮（cuō）瓢、木铲、木桶等装载工具及提升工具木辘轳（lù lu）。木辘轳配以绳索、木构，可作木滑车，木滑车操作简单，既省力，又可以提高工作效率。

采掘工具木锛

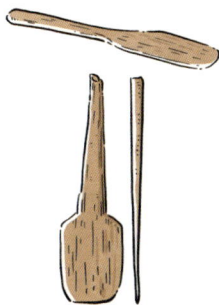

采掘工具木铲

装载工具木撮瓢、
木铲、木桶

木滑车

木辘轳

## 2.1.2　选矿

　　铜矿矿料在刚采集出来的时候非常粗糙，必须经过筛选才可以用来冶铸。早期的选矿方式主要是靠人工将采集的矿料放入筐中，反复摇晃、抖动，将其筛选。

　　另一种选矿方式则是溜槽选矿，与之前的选矿方式相比，溜槽选矿极大地提高了效率，将矿料放入水池，通过控制水流使矿料流入一个凹槽，利用凹槽闸门的高低设计阻挡矿料，以筛选出不同质量的矿料。这种选矿方式在文献中的记载最早见于宋代，但是考古学家在铜岭铜矿遗址中发现了相似的西周溜槽。

溜槽选矿示意图

在《天工开物》的铸鼎图中，铸鼎包括制范和浇铸两道工序。先用泥土制作所要铸造的各个部件的模型，烘烧完模型后，贴泥片翻范，范制成后，浇灌铜液。

## 2.1.3　冶铸

　　经考古发现，冶铸所用的燃料比较常见的是木炭，各个时期所铸青铜的成分及其比例并不相同。通常，青铜是纯铜和锡的合金，同时含有少量的铅。关于成分的比例最早见于《考工记》，其中记载了6种器物的含锡量，人们称之为"六齐"。

　　"六分其金而锡居一，谓之钟鼎之齐。
　　五分其金而锡居一，谓之斧斤之齐。
　　四分其金而锡居一，谓之戈戟之齐。
　　三分其金而锡居一，谓之大刃之齐。
　　五分其金而锡居二，谓之削杀矢之齐。
　　金锡半，谓之鉴燧之齐。"

　　《天工开物》中《冶铸》这一篇不仅介绍了鼎、钟、釜、镜等器物的冶铸过程，还有关于炮、钱币的铸造过程。《冶铸》开篇便说："首山之采，肇自轩辕，源流远矣哉。九牧贡金，用襄禹鼎，从此火金功用日异而月新矣。"

《天工开物》的铸釜图中采用的铸造方法是"泥型铸造法"，是铸造青铜器常用的方法。在黏土中加入一些糠灰，制成泥型，这种泥型在铸造釜等日常用器时可以重复使用。

唐代之前铸钱主要采用"范铸法"，唐代之后随着制作工艺不断提升，铸钱主要采用"母钱翻砂法"。"母钱翻砂法"所用的母钱是用铜、锡精铸而成的，由中央下发到各地，实际上起到了母模的作用。

2

1

《天工开物》中的铸钱图

3

4

## 2.1.4  青铜器的分类

根据不同的性质和用途，青铜器可以分为兵器、食器、酒器、盥水器、乐器和杂器等。

## 兵器

受社会背景的影响，商周时期古人曾铸造大量兵器，其中戈、矛、钺（yuè）、剑、箭镞等较为常见。

戈是当时最为常见的一种兵器，古称勾兵，主要由戈头、柲（bì）和镈（zūn）组成，其中镈是东周之后发展起来的。因柲多采用木质，故现今考古发现的大部分戈只剩下青铜质的戈头。根据不同的形制，戈分为三角援戈、直内戈和胡铜戈等。

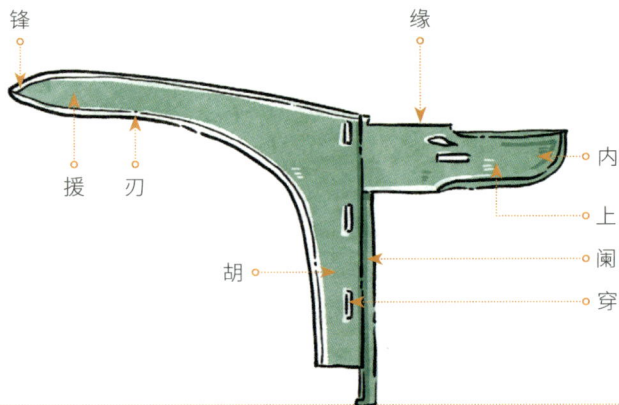

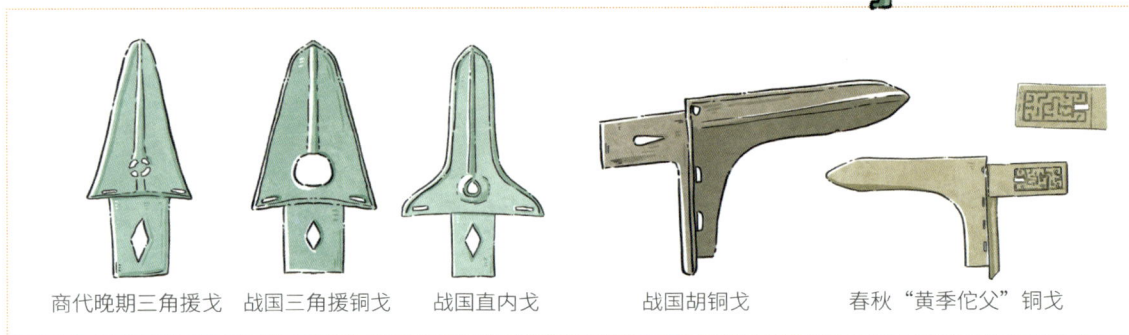

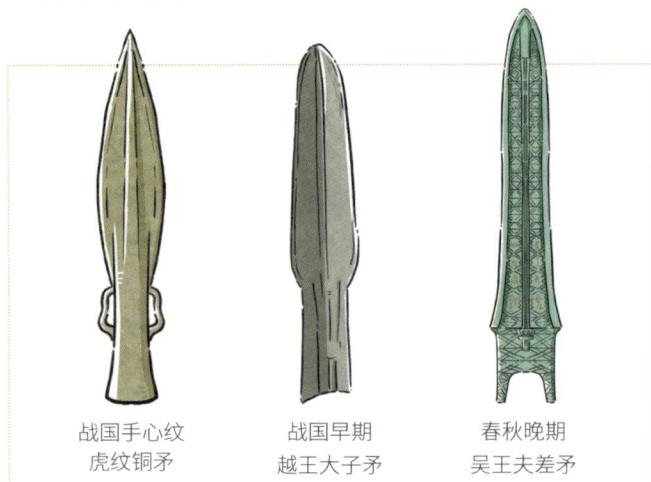

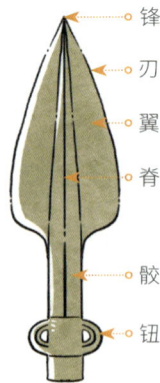

锋　缘　援　刃　胡　内　上　阑　穿

商代晚期三角援戈　战国三角援铜戈　战国直内戈　战国胡铜戈　春秋"黄季佗父"铜戈

战国手心纹虎纹铜矛　战国早期越王大子矛　春秋晚期吴王夫差矛

锋　刃　翼　脊　骹　钮

矛是一种用来冲刺的兵器，与戈一样也是攻击性兵器，因此它的需求量很大。

钺，《尚书·顾命》记载："一人冕执钺。"郑玄注："钺，大斧也。"钺，其实是一种具有征伐权力的礼仪性兵器，诸侯或重臣适用。

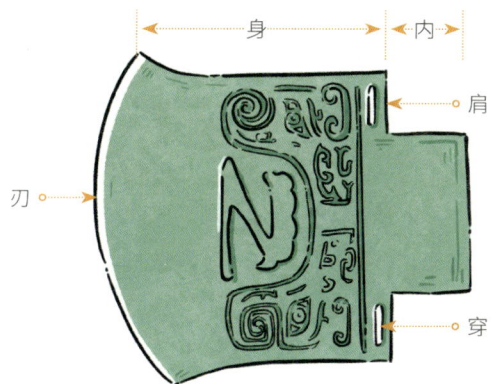

商代中期龙纹钺

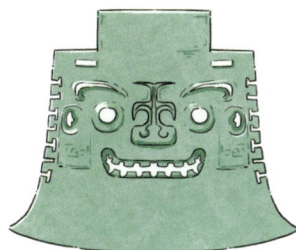

商代亚醜钺

剑，《说文解字》记载："剑，人所带兵也。从刀金声。"剑始于何时并不清楚，但在西周早期，其形制已非常成熟，春秋战国时期剑代表着身份等级。据《考工记·桃氏》记载，士阶层的人佩戴的剑长短、重量不等，上士配上制，中士配中制，下士配下制。

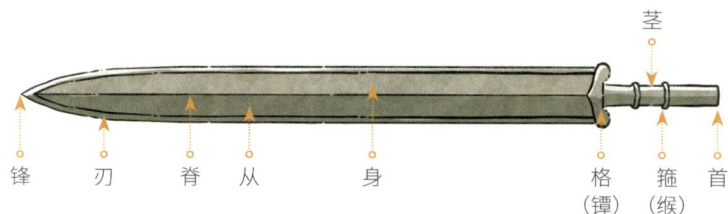

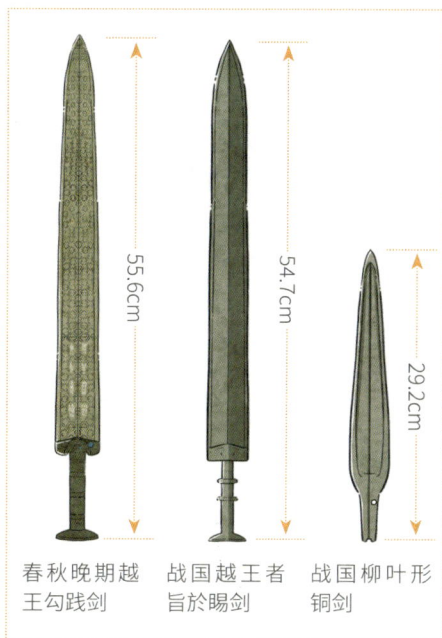

茎

锋　刃　脊　从　　　身　　　　　格　箍　首
　　　　　　　　　　　　　　　（镡）（缑）

55.6cm
54.7cm
29.2cm

春秋晚期越王勾践剑

战国越王者旨於睗剑

战国柳叶形铜剑

前锋
刃
翼
脊
本
关
铤

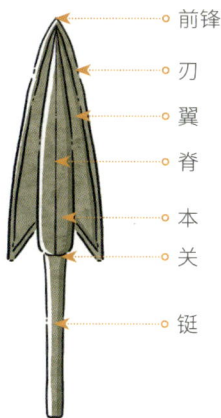

矢镞是附于箭杆前端的锋刃部分。青铜质矢镞始见于二里头遗址，在商代早期被人们大量使用。矢镞有双翼镞、三翼镞与三棱镞3类形制，从西周到春秋早期，双翼镞、三翼镞比较常见，春秋中期以后棱镞开始盛行。

## 食器

民以食为天，食器是古代人们日常生活中必不可少的用具。在夏商周时期，反映社会等级的礼制趋于完备，饮食礼仪则是礼制中的核心内容，以食器、酒器和水器为主的青铜礼器组合，尤其是食器，多用于祭祀、丧葬、征伐、宴飨等礼仪活动。它们在数量、种类和组合上的差异是人们身份贵贱、等级高低的标志。

食器中以鼎、簋（guǐ）较为重要。鼎和簋是西周社会礼制生活的核心。鼎是炊具，用于祭祀和宴饮，是青铜礼器中的重器；簋是盛食器，同样是青铜礼器中的重器，与鼎配合使用，从而形成西周的列鼎列簋制度，这一制度是"明尊卑，别上下"的标志。使用鼎和簋时有严格的规定，以奇偶数相配，按大小依次排列，代表主人的身份和等级。

### 青铜鼎的分类和用途

四十三年逨（lái）鼎

**升鼎**

用于祭祀，也叫正鼎。

善夫伯辛父鼎

**镬（huò）鼎**

用来烹煮肉食。

带盖附耳椭方鼎

**馐（xiū）鼎**

盛放各种酱料。

窃曲纹鼎

**温鼎**

加热食物。

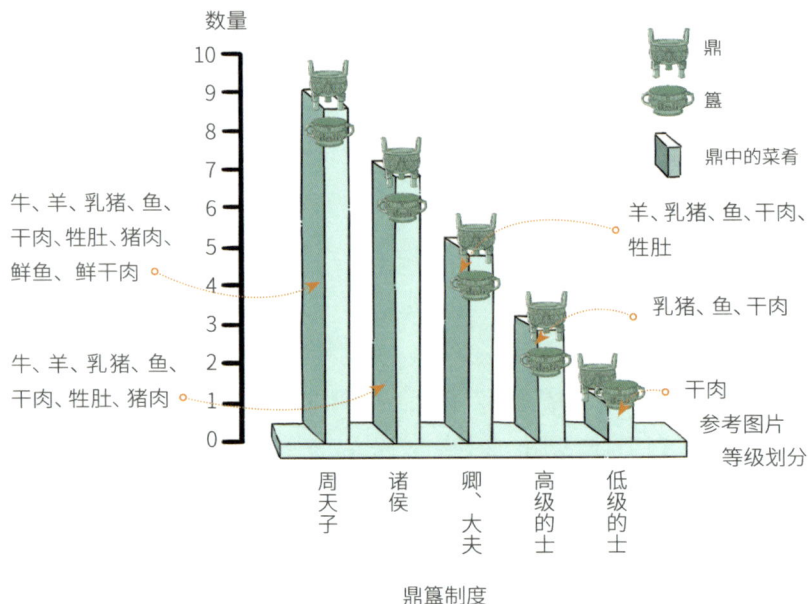

牛、羊、乳猪、鱼、干肉、牲肚、猪肉、鲜鱼、鲜干肉

牛、羊、乳猪、鱼、干肉、牲肚、猪肉

羊、乳猪、鱼、干肉、牲肚

乳猪、鱼、干肉

干肉

参考图片等级划分

鼎

簋

鼎中的菜肴

数量

周天子　诸侯　卿、大夫　高级的士　低级的士

鼎簋制度

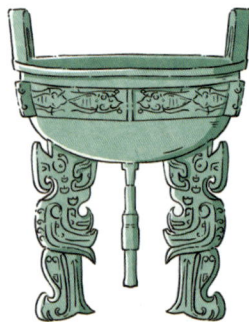

西周㝬父丁鼎

甗（yǎn）是蒸食器，分为上下两部分。甗的上半部分为甑（zèng），是炊具，主要用于盛放需要蒸煮的食物，底部有很多透气的小孔；甗的下半部分为鬲（lì），也是炊具，用来盛水，单独使用时可以煮食物，从功能上看类似现在的汤锅，史前时期便有了陶质鬲，青铜质鬲最早出现于商代早期，战国晚期逐渐消失。

甗在商代早期便已出现，但数量较少。从商代晚期到西周早期，人们开始大量铸造甗；尤其在西周晚期、春秋早期，甗是必不可少的随葬礼器。根据甑和鬲的不同组合形式，将甗分为连体和分体，一般情况下一鬲配一甑，商代晚期出现了一鬲配三甑的三联甗。

箅子（相当于笼屉）
上有孔，水蒸气由此孔上升。

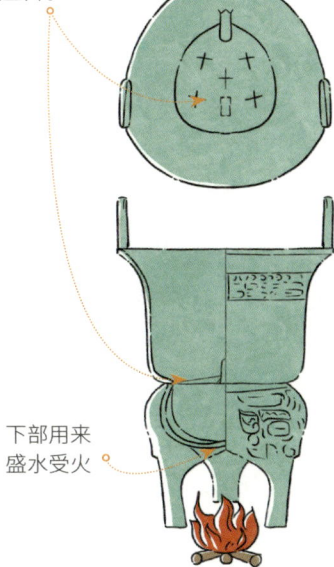

下部用来盛水受火

汉代兽环甑

西周师趛（yǐn）鬲

青铜豆出现于商代晚期，盛行于春秋战国时期。豆用于盛放腌菜、肉酱和调味品，常以偶数个的形式与其他礼器配合使用，少数情况下也会出现奇数个。《周礼·掌客》载，"凡诸侯之礼：上公五积……豆四十……膳大牢，侯伯四积……豆三十有二……膳牲牛。子男三积……豆二十有四……"《礼记·礼器》记载："礼有以多为贵者……天子之豆二十有六，诸公十有六，诸侯十有二，上大夫八，下大夫六。"而据《乡饮酒义》记载，豆的数量与养老礼仪有一定的关系，"乡饮酒之礼……六十者三豆，七十者四豆，八十者五豆，九十者六豆，所以明养老也。"但现已出土的青铜豆较少，多为陶豆或漆木豆。

目前已知最早的铜豆。

商代晚期悬铃铜豆

战国铜盖豆

除了上述所说，食器还包括盨（xǔ）、簠（fǔ）、敦、铺、盂、盆、鍪（móu）、俎、匕等多种。

盨是盛放稻、粱等饭食的器物，出现于西周中后期，主要流行于西周晚期，至春秋初期基本消失，基本上成偶数出现。

簠是祭祀和宴飨时盛放稻、稷等饭食的器物，《周礼·地官·舍人》记载："凡祭祀共簠簋。"郑玄注："方曰簠、圆曰簋，盛黍、稷、稻、粱器。"簠出现于西周早期，盛行于西周晚期、春秋早期，战国晚期以后消失。

西周晚期杜伯盨　　　　　　春秋早期山奢虎簠　　　　　　战国铜簠

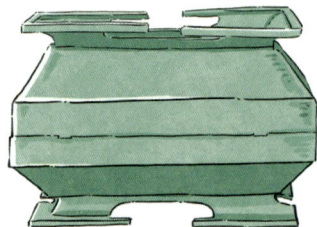

## 酒器

商代君王因酒亡国，周人引以为戒，实行禁酒政策。武王灭商后，周公发布禁酒令《酒诰》。周人赋予酒器丰富的文化内涵，按照周礼的要求，不同的酒盛于不同的容器中，身份地位不同的人所使用的饮酒器也不相同。酒器不仅包括容酒器、饮酒器，还包括调酒器、温酒器及挹（yì）酒器等。各式各样的酒器正是当时贵族生活的真实写照。

饮酒器主要有以下几种。

爵是最早出现的青铜礼器，相当于现在的酒杯，常与其他器具组合。《仪礼·特牲馈食礼》记载："实二爵二觚四觯一角一散（斝）。"夏代晚期开始出现爵，但未成组合。商代随葬礼器的最低限度为一爵，有的随葬礼器中一爵一觚成组合，有的爵与斝单独成组合，而最多的青铜爵群出土于殷墟妇好墓，有爵四十器。

觚是一种喇叭形状的酒杯，常与爵伴随出土，有的与斝成组合，最早出现于商代早期，西周中期以后逐渐消失。

觯（zhì），是饮酒所用的杯，有扁体和圆体两种，出现于商代晚期，并流行至西周早期，其中圆体觯被使用至东周。

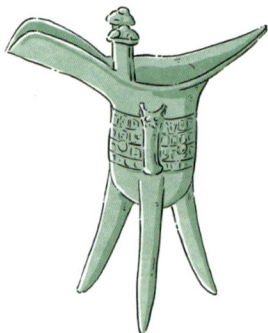

西周冉爵　　　　　　商代夔纹铜觚　　　　　　西周云雷纹铜觯

敦，同样是用于盛放饭食的器物，其样式基本上是上下皆圆，器身与器盖可以分开单独使用，产生于春秋中期，盛行于春秋晚期至战国时期，秦代以后消失。

战国早期鹈鹕（tí hú）鱼纹敦

鍪是战国时期秦国人使用的炊食器，并一直沿用到西汉早期。此类器物是秦国文化的重要组成部分，并随着秦国的统一战争向各地扩散。

战国铜鍪

盂是一种大型盛食器，可以盛水或冰，因其铸造需大量铜料，故出土数量较少，最早出现于商代晚期，流行于西周，春秋时期尚见。

西周大铜盂

容酒器样式比较多。

尊，是一种大型或中型容酒器，盛行于商代至西周，其形体有大口尊、觚形尊、鸟兽尊3类，尤以鸟兽尊精巧。即便是同类鸟兽尊，形态也不一致，有象、犀、牛、羊、虎、豕、驹、怪兽、鸳、凫、麒麟、貘、鸮等尊形。

西周鸟尊

商代晚期双羊尊

西周何尊

商代青铜尊

商代象尊

壶也是一种容酒器，《周礼·秋官·掌客》记载："壶四十。"郑玄注："壶，酒器也。"盛行于春秋战国时期，到了汉代，圆形壶被称为钟，方形壶则被称为钫（fāng），其形制有多种，如长颈圆体提梁壶、细长颈圆腹壶、扁壶、方壶、圆壶等。

卣（yǒu）是一种祭祀时专门用来盛放秬鬯（jù chàng，或为用黑黍和郁金香草酿的酒）的容酒器，盛行于商周时期，虽然流行的时间不长，但是样式有圆体、椭圆体、方体、筒形、鸟兽形等，颈部有提梁。

春秋莲鹤方壶　　　西周仲南父壶

觥，又作觵（gōng），是一种动物形态的容酒器。《说文解字》记载："觵，兕牛角，可以饮者也。"觥自商代中晚期沿用至西周中期，流行时间不长，形制一般都是鸟兽形状，有盖（兽首状），带流。

罍（léi）和瓿（bù），也是容酒器，可以看作酒坛。罍始见于商代晚期，春秋中期后便逐渐消失，主要有圆体和方体两种。瓿，则盛行于商代。

商代晚期兽面纹铜觥　　　商代晚期四羊首瓿

斝（jiǎ）是一种温酒器，在行裸（guàn）礼（祭祀时把奉献的酒浇在地上）时用来盛酒，其形制多为圆体，有三足、一耳，带两柱，盛行于商代至西周早期。

盉（hé）是一种调酒器，主要用来调和酒水的浓淡，最早出现于商代中期，盛行于商代晚期至西周，带提梁的盉盛行于春秋晚期至战国时期。而主要的挹酒器是斗和勺两种。

春秋时期蟠虺纹铜料

商代兽面纹铜斝　　　商代人面龙身盉

我国迄今为止考古发掘中最早的实物酒。

西周伯𬊭饮壶

战国铜扁壶及壶内的酒

西周早期古父己卣（yǒu）

西周羊首兽面纹铜罍

商代兽面纹瓿

此外，还有一种用于承酒尊的器座，称为禁。《仪礼·士冠礼》记载："尊于房户之间，两庑有禁。"郑玄注："禁，承尊之器也，名之为禁者，因为酒戒也。"有专家认为，铜禁的出现可能与周人禁酒有关。现发现的禁很少，基本形制为方形，有足或无足。

商末周初铜禁

末周初铜斗

西周卫盉

石鼓村3号墓出土的铜禁与其他器物组合情况：禁上置户彝、户卣（甲）、2号禁、户卣（乙）（置于2号禁之上）、斗。从摆设情况看，这6件器物是一组套，应属一个名为"户"的家族。

## 盥水器

水器主要包括盘、匜（yí）、鉴等，大部分用于盥洗，因此也被称为盥器。

盘、匜二者常常配合使用，盘为盛水器，匜则为注水器。商周时期宴飨前后都要行沃盥之礼，使用时用匜往手上浇水，下面用盘承接洗过手的水。商代以前盘是陶质的，青铜盘出现于商代早期，主要流行于商代晚期至春秋战国时期，战国以后逐渐消失。匜最早出现于西周中期后段，流行于西周晚期至春秋时期，匜出现前古人行沃盥之礼主要使用盘、盉，匜出现后古人行沃盥之礼逐渐使用盘、匜。

鉴，是一种盛水器，《说文解字》记载："鉴，大盆也。"在铜镜没有盛行之前，鉴被用来照面饰容。而除了盛水，鉴还被用来盛冰，且形体巨大的可以用来沐浴。青铜鉴出现于春秋中期，流行于春秋晚期和战国时期，西汉时仍有铸造。

春秋蟠虺（huǐ）纹铜盘、匜

春秋"樊夫人"铜匜、铜盘

战国圆鉴

## 乐器

我国古代非常重视礼乐制度，各种礼仪活动中常有配乐，不同身份等级、不同场合、不同时节的用乐有严格规定。《周礼·春官》中将乐器分为"八音"，即"金、石、丝、竹、匏、土、革、木"，是最早的乐器分类法之一。其中"金"多指青铜乐器，主要有钟、铙、镈和錞于等。

铙（náo），是我国最早使用的青铜打击乐器之一，用于军旅号令或宫廷演奏，流行于商代晚期，西周早期仍有使用。

錞（chún）于，常与鼓配合使用，是作战时指挥军队进退的乐器，始于春秋时期，盛行于战国至东汉这段时期。

商代青铜铙

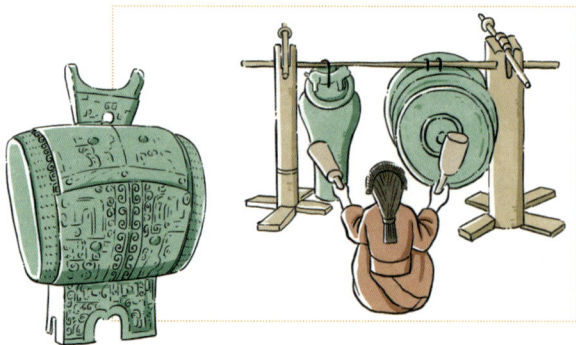
商代兽面纹鼓

钟，分"特钟"和"编钟"两大类。单独悬挂、形体较大的为"特钟"，用于测音、定音及指挥。大小排列成组的为"编钟"，其音色洪亮、音域宽广，既是重要礼器，也是身份高低的象征，在西周至春秋战国时期较为流行。此外，我国岭南地区还有一种羊角钮钟。

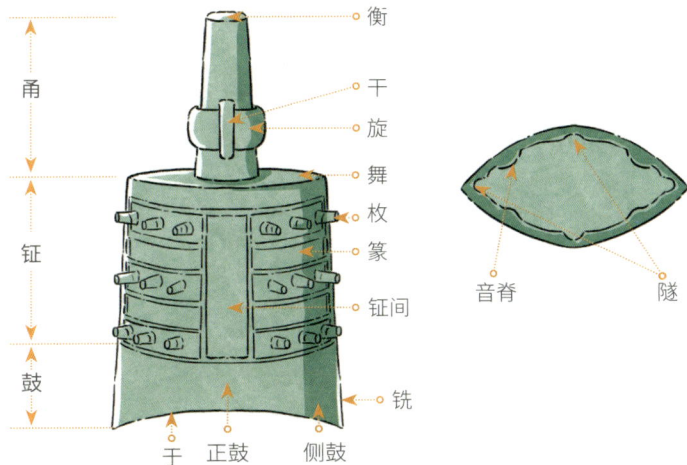

衡
干
旋
舞
枚
篆
钲间
铣
于　正鼓　侧鼓
甬
钲
鼓

音脊　隧

战国曾侯乙编钟

除了以上提到的青铜器，青铜还被应用在日常生活中，如镜、带钩、炉等生活用器，车马器、度量衡、印章，乃至常见的货币。

西汉"阳信家"染器

战国铜带钩

唐代千秋龙纹镜

西汉"长沙王后"博山炉

商代商鞅方升

西汉铜烤炉、铜姜擦

# 2.2 铸造

## 2.2.1 模范法

早期铸造青铜器使用比较广泛的方法是模范法，商周时期最先采用。模与范是两种东西，通常先制模，后制内范、外范，再向被成套捆绑的模范中浇注铜液，最后冷却成型。因采用模范法可一次性浇注完整器型，故模范法也被称为"范铸法"。

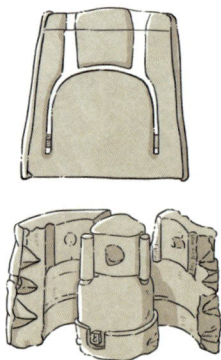

① 制作觯的实心泥模，将圈足部分分开，在主干雕塑纹饰。

② 泥模倒置在座上，敷泥分范。

③ 整理外范，花纹，拼接□块或3块。

制模，也是制作"母范"，多采用陶，也采用石或木，甚至采用青铜器制模。制模的时候，泥料中混入烧土粉、炭粉和草料等，注意与水的调配比例，使之有较低的收缩率和较好的透气性，避免塑成后因干燥、焙烧而发生龟裂现象。泥模制成后，必须置入窑炉内焙烧，只有焙烧成陶模才能用来翻范。

制模

配泥

制范首先要配泥，所需泥土要经过晾晒、破碎、粉筛、混匀，在配制中要掌握好水量，经过反复摔打、揉搓，使之成为软硬适中的泥土，同时通过长时间的浸润来巩固。

翻范是整个铸造□程的中心环节。制作一些实心器物只需要两□外范，而制作容器复杂得多，翻范之前要先□估外范的数量和分界，在外范的翻制过程中□堆贴在模上，需用力□

④ 觯的底部制作
铭文范，嵌入。

⑤ 泥模上刮去纹饰，
在合范时留下与待浇铜
器厚度相当的空隙。

⑥ 制作浇口。

⑦ 阴干泥范，并在600℃
左右的温度下将泥范焙烧成
陶范，预热陶范后浇注铜液。

⑧ 铜液冷却后，
打碎外范，取出
铜器。

去范

打磨

去范后，所铸器
物还需修整，经过锤
击、锯挫、錾凿等，
削去多余的铜块、毛
刺、飞边，只有这样
才算制作完毕。

注

；制作内范时可以将模刮去一层，刮去的模的厚度
是所铸容器的厚度。

浇注铜液前，需要预热模范。先将成套的模范捆
起来，再用草或泥沙拌泥，最后把它们放入窑中焙
，温度在400~500℃。预热完成后，将模范埋入
坑，并用木条箍捆，以防浇注铜液时模范崩裂。
注铜液时，器物倒放，待铜液凝固、冷却后，便
去模范，取出铸件。

制成

## 2.2.2　分铸法

　　分铸法可以被看作是模范法的升级，主要用于制作器型比较复杂且体量较大的青铜器。分铸法的铸造过程与模范法的铸造过程一致，只是模范法最后以重新浇铸或焊接的方式将各分铸部分结合起来。

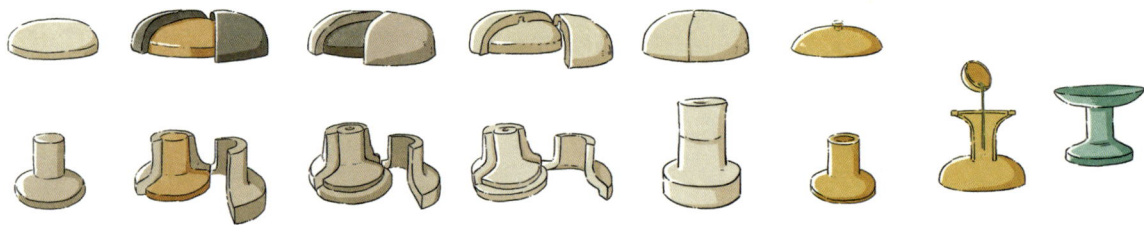

铜豆分铸示意图（吉金耀河东——山西青铜文明特展展示）

## 2.2.3　失蜡法

　　失蜡法，也被称为蜡模法、脱蜡法，是将比较容易融化的材料，如蜂蜡、动物油等蜡模，按1∶1的比例制成模型，成型后用细泥浆浇淋形成外范。在浇注铜液前，先用高温烘烤模型，使蜡模融化并流出，再在空腔高温状态时注入铜液，冷却凝固后取出。

　　因失蜡法操作简单，无须分块，同时利用铸造能够制作出复杂立体的镂空效果，且精确度很高，无须打磨等优势，故采用失蜡法制作出来的铜器造型异常精美。失蜡法最晚在春秋时期便已出现，战国、秦汉以后更为流行，尤其是隋唐后，仍有流传。

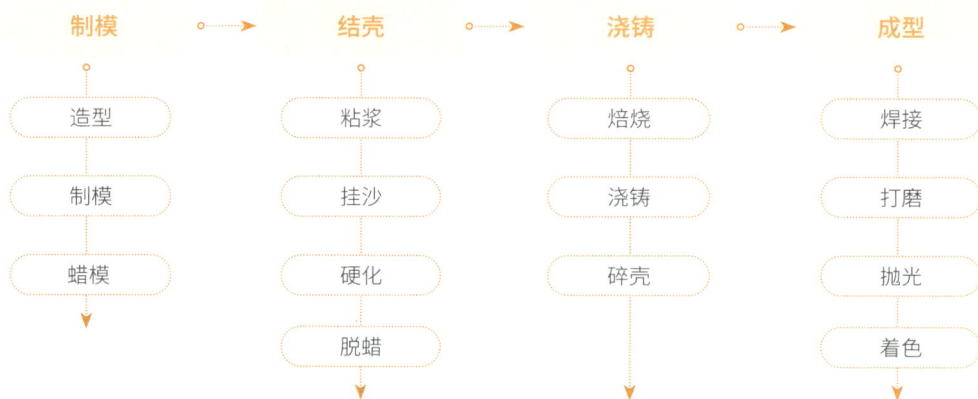

失蜡法工艺流程

## 2.2.4　叠铸法

叠铸法适用于铸造较小的器物，以钱币居多。铸造时将多个陶范叠装在一起，在一个浇口浇注铜液，这样可以一次性铸造多件。这种工艺最早出现于春秋时期，在汉代开始流行。

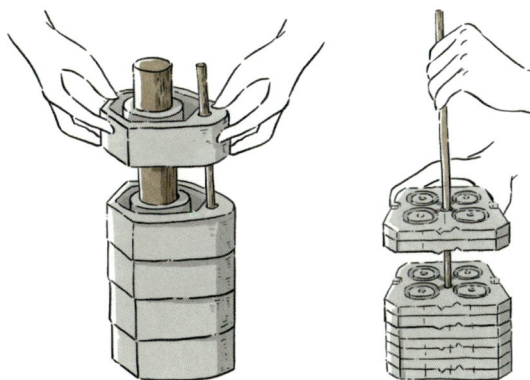

叠铸法示意图

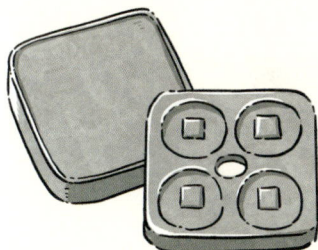

**第一步：**

先制作陶范。

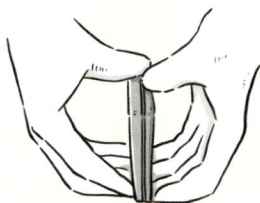

**第二步：**

陶范两两对应相扣。

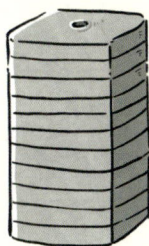

**第三步：**

多件陶范对齐叠放。

**第四步：**

顶部放置浇口杯，外敷草拌泥。

**第五步：**

阴干烘焙后浇注铜液。

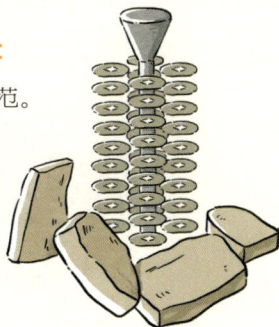

**第六步：**

去除外范。

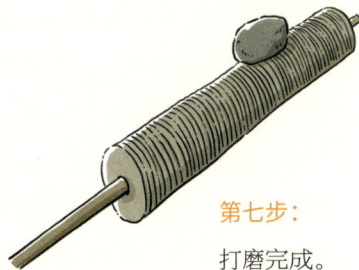

**第七步：**

打磨完成。

# 2.3 装饰

装饰工艺是随着铜器的发展而发展的，除了造型别样，我国古代铜器的装饰工艺也同样精美。商周时期，不仅铜器的制作工艺达到了很高的水平，装饰工艺也开始变得多样，除了刻划工艺，鎏金、错金银、镶嵌、髹漆等工艺也广泛流行。

## 2.3.1 装饰工艺

### 镶嵌

铜器上主要镶嵌绿松石、红铜、金银、宝玉石、贝类等，它们可单独出现，也可组合出现。绿松石在新石器时代就已经出现，一般镶嵌在小型器物或容器上，主要作为动物纹饰中动物的眼睛、鼻子或嘴巴的替代品，也有以其镶嵌为纹饰者。镶嵌时，先在器物表面阴刻纹饰，按照纹饰的造型制作绿松石片或绿松石块，用树胶或黏接剂将其粘牢，最后打磨，使之平滑。

红铜，也被称为紫铜，因其呈现紫红色而得名，一般不是纯铜，其硬度比青铜的硬度低。嵌红铜技术在商代晚期出现，在春秋时期较为流行。镶嵌红铜时，先铸红铜纹饰，将其粘在陶范上，铸造铜器时，红铜纹饰因铜器收缩而被包裹，铸造完成后再打磨、修整。

镶嵌金银的工艺也被称为错金银。工匠镶嵌金银时，先将金银丝或金银片嵌入青铜器表面錾刻的图案或铭文中，再用蜡石打磨平整，装饰效果美观而华丽。这种工艺常用在青铜饰件上，始于春秋中期，盛行于战国时期，西汉以后逐渐衰落。在装饰工艺中，错金银最先出现，兵器、礼器、容器、车马器、铜镜、带钩等各类器物上均能看到。

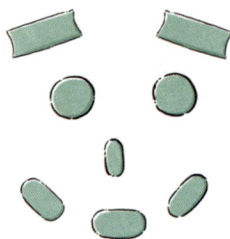
新石器时代良渚文化绿松石镶嵌片

夏代嵌绿松石铜牌饰

战国嵌红铜鸟兽纹壶

错金银云纹青铜犀尊

战国错金银铜鼎

战国错金银狩猎纹镜

此外，还有镶嵌宝玉石、贝壳的铜器。

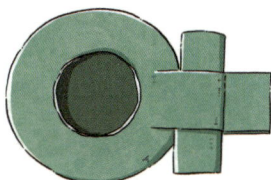
西周嵌玉青铜钺

唐代镶绿白料饰鎏金铜镜

## 鎏金

铜器的鎏金工艺又被称为金涂、黄金涂、镀金等，宋代时始称鎏金，最早出现于春秋战国时期，流行于西汉时期，并一直被使用。鎏金工艺要求精细且繁杂，首先，将金锻成金箔，剪碎后加热，倒入水银（汞），合成金汞剂，称为"煞金"；其次，将金汞剂均匀地涂在铜器表面，称为"抹金"；再次，经过炭火加热，使水银蒸发，金就会附着在器物表面且不脱落，称为"开金"；最后，用玛瑙或硬度达到七八度的玉石做成压子在镀金面反复磨压，加固并使之发亮，这是最后一道工序，称为"压光"。若把银与汞混合后涂抹在铜器表面，则是鎏银工艺。

西汉长信宫灯

唐代鎏金走龙

## 包金银

包金银工艺主要出现在小型铜器上，先用金箔或银箔包裹铜器，再以锤打、锻打等方式反复敲击，直到两者紧密贴合。商代中期始见包金器，西周至唐代以前式微，到了唐代，包金银工艺被用来制作铜镜装饰。

唐代金背瑞兽花枝镜

## 彩绘

铜器的彩绘工艺主要有 4 种表现形式。
① 在纹饰阴刻线条中填漆。
② 在錾刻槽内填漆。
③ 在表面绘漆。
④ 将矿物颜料与漆搅拌均匀后施彩。

彩绘工艺流传时间很短，虽然在商代晚期已经被应用，但是汉代以后不再流行。

战国漆画云纹镜

西汉彩绘人物车马镜

## 金银平脱

与彩绘工艺一样，金银平脱工艺也与漆有关，可以说是漆与黄金的巧妙结合，主要应用在漆器上，铜器中比较少见，以制作铜镜为主。金银平脱工艺是先将金箔或银箔粘贴在器物上，再在器物上髹（xiū）漆，阴干后再次上漆，反复多次。反复打磨器物表面，使金银纹饰片露出。因为金银纹饰片平整地从漆面脱出，所以这种工艺被称为"金银平脱"。金银平脱在盛唐时期快速发展，非常流行，但"安史之乱"爆发后，随着经济的冲击，唐肃宗、唐代宗均发布诏令禁止生产金银平脱制品，随后与之有关的产业急速衰落，至五代时期式微，并逐渐消失。

唐代四鸾衔绶金银平脱镜        唐代八角镜

## 镶嵌螺钿

镶嵌螺钿其实是镶嵌与彩绘相结合的一种工艺，大多出现在铜镜的镜背，是唐代特种工艺之一，盛行于唐玄宗时期，其他时期较为罕见。这种工艺是先将海贝磨制成螺钿片，再嵌入镜背的髹漆层，待漆干后磨平，露出螺钿片，最后在上面刻划细部。嵌螺钿青铜器在唐代属于奢侈品，流传下来的非常少。螺钿除了是海贝，还可以是兽骨、琥珀等物，同时螺钿镜因异常瑰丽被称为"中国最美铜镜"。

唐代花鸟人物螺钿青铜镜        唐代镶嵌螺钿宝相花纹镜

## 2.3.2 纹饰

夏代晚期铜器上的实心连珠纹是最早的铜器纹饰，而动物纹饰是铜器纹饰的主体，占近1500年的统领地位。铜器纹饰多样，主要以兽面纹、龙纹、凤鸟纹等动物纹饰，以及火焰纹、几何纹、人物形象为主。铜器纹饰主要体现的是线刻工艺，线刻工艺始于春秋晚期，盛行于战国早期和中期。一开始，工匠将点连成线，线条看起来像虚线一样，这种方法被称为錾凿法。到了刻划技术相对成熟的战国时期，随着工具升级，工匠已能刻出流畅的线条，形如实线，从此刻划法产生。

### 兽面纹

兽面纹是较为常见的铜器纹饰，旧称饕餮纹。宋代的人将铜器上表现兽的头部或以兽的头部为主的纹饰称为饕餮纹，其特点是以鼻梁为中线，左右对称，上端第一道为角，角下为眼睛，有的眼睛两侧有耳，多数兽面纹有曲张的爪。

环柱角形兽面纹

曲折角形兽面纹

### 龙纹

龙纹包括夔龙纹和夔纹两种。自宋代以来，人们将铜器上一足、类似爬虫的动物均称为夔。凡是蜿蜒形躯体的动物，都称为龙。

爬行龙纹

卷体龙纹

### 凤鸟纹

凤鸟纹包括凤纹和各种鸟类的图案。铜器上刻鸟纹在商代早期和中期较为少见，商末至西周凤鸟纹开始大量出现，一直到汉代。

多齿冠凤纹

枭纹

雁纹

## 动物纹

动物纹饰主要有马、牛、鸡、狗、猪、象、鹿、犀牛、虎、蛇和蝉等。

虎纹

蝉纹

蚕纹

鹿纹

龟纹

蟾蜍纹

鱼纹

## 兽体变形纹

兽体变形纹是只有象征性动物形态的图案，主要样式有鸟兽合体、兽目交连、兽体变形、波曲纹等。但这些样式所表现的动物形态在现实中并不存在。

鸟兽合体纹

波曲纹

兽目交连纹

## 其他

除了上述纹饰，还有一些出现较少的纹饰，如人面纹、贝纹和绹纹等。

人面纹

绹纹

## 几何纹

几何纹是由几何图案组成的有规律的纹饰，在早期几何纹只是兽面纹、龙纹的陪衬或基础纹饰。自春秋战国时期起，几何纹逐渐成为主要纹饰，常见的有连珠纹、弦纹、云雷纹、网纹等。

羽纹

云雷纹

象纹

蛇纹

虎纹

牛纹

## 火纹

火纹也称为圆涡纹、涡纹，出现时代较早，因其为太阳的标志，可能与太阳崇拜有关。可单独出现，也可与龙纹、雷纹配合使用。

火纹

曲折雷纹

## 人物纹

通常，人物纹用写实手法描绘当时贵族社会生活或生产的场景，在青铜器上出现较晚，比较少见，主要场面有宴乐、弋射、采桑、狩猎等，还有一些作战场面。

战国水陆攻战纹铜壶纹样

## 第 3 章

千锤百炼：冶金

图 — 解 — 中 — 国 — 古 — 代 — 器 — 械

# 3.1 冶炼技术

在原始社会，人类的祖先过着茹毛饮血的生活，满足温饱所需的食物及获取、加工这些食物的工具都是从自然界中得到的。劳动人民的智慧是无穷的，在探索自然和利用自然的过程中，人类发现了矿物，并通过冶炼加工发现了多种金属。可以说，冶金是人类社会文明发展的重要物质基础，对矿物的采集、冶炼、加工和使用在我国乃至世界文明史中有着不可忽视的地位。

金属在自然界中多以矿石的形态存在，冶金是先提取矿石中的金属物或金属化合物，再通过各种加工方法将其制成具有一定性能的金属的过程或工艺。冶金技术的出现是我国古代生产技术的一大飞跃。在古代冶炼和使用的金属中，已证实的有金、银、铜、铁、铅、锡、汞、锌等。

火法冶金是应用最普遍的冶金技术之一，即让燃料达到高温，从金属矿石中提炼金属。人类比较早的金属冶炼实践，就始于对铜、铁等金属的火法冶炼。

江西瑞昌铜岭铜矿遗址

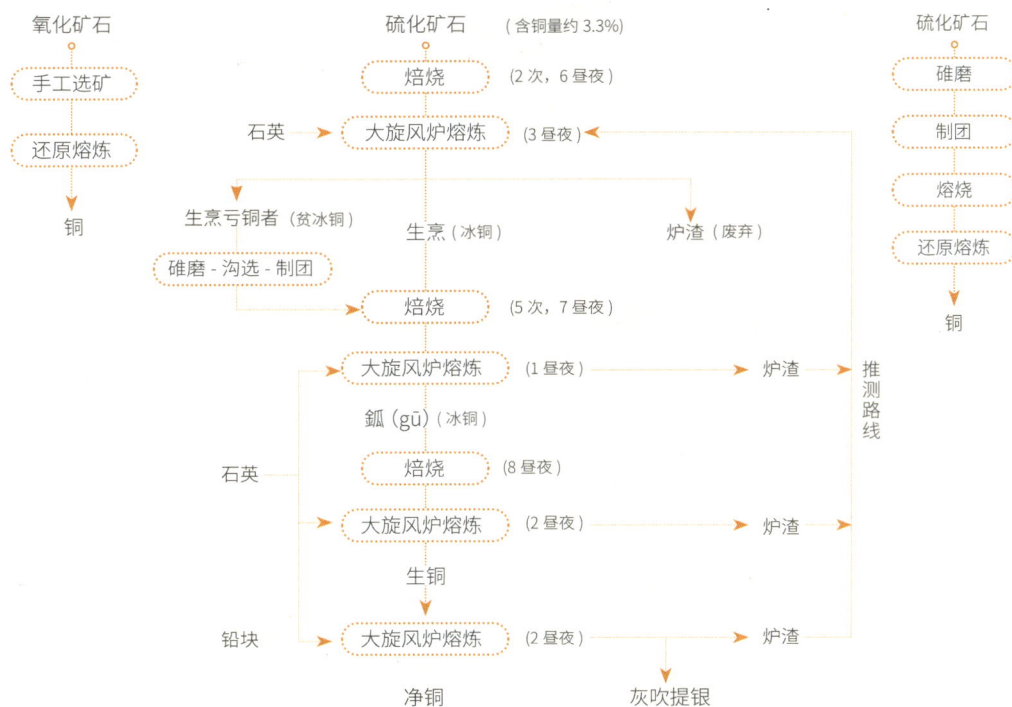

《大冶赋》与《龙泉县志》记载的 3 种火法炼铜技术工艺流程

## 3.1.1　冶铁

铁矿较为常见，因铁矿多埋藏于较浅的土层中，故平原和丘陵地带是出产铁矿较多的地方。铁矿石呈土块状或碎砂状，在我国土块状铁矿石的主要产地位于甘肃和福建泉州一带，而碎砂状铁矿石的主要产地位于北京、山西临汾等地。

褐铁矿标本

淘洗铁砂

我国古代铁器的发展经历了从陨铁到人工铁的过程，早在商周时期人们就对陨铁有了一定认识。而关于我国冶铁技术的起源仍在讨论中，但最迟在春秋中晚期人们就已经摒弃块炼铁冶炼技术了，我国冶铁技术的发展进入生铁冶铸时代，这是我国冶铁史上重要的分水岭，比欧洲早了 1800 多年。目前，我国发现的最早的生铁制品是出土于山西曲村 – 天马遗址的残铁块，其年代约为公元前 8 世纪。秦汉时期，我国的冶铁技术得到了前所未有的快速发展，这一时期是我国冶铁技术发展的重要时期。

### 商至西周时期

早期的铁器主要用陨铁制作，我国最迟在公元前 14 世纪开始利用陨铁锻制铁器，公元前 9 世纪至公元前 8 世纪的虢国仍在使用由陨铁锻制的铁器。在逐渐认识铁的过程中，人们了解到铁刃比青铜刃更锋利，进而开始寻找铁矿石并冶铁，从而推动了早期人工冶铁技术的诞生与发展。目前，我国发现的商至西周时期的铁器较少，多为铜铁合制器，其中有陨铁，也有人工铁。

商至西周时期的铁器多为块炼铁，其制作原理是在较低温度下用木炭将固体状态的铁矿石炼成铁，所需温度为 800~1000℃。这种制作工艺的缺点是冶炼出来的铁结构疏松，生产效率比较低。

铁质剑身由块炼渗碳钢制作而成，是人工冶铁制品。

玉柄铁剑

年代为公元前 14 世纪左右，是目前我国境内出土的年代最早的人工铁制品。

土铁条

## 春秋时期

随着分封制度瓦解和周王室势力衰微，金属手工业体系及人才逐渐挣脱控制，从中央向地方转移。春秋时期，不仅青铜器冶铸技术得到了发展，人们对铁的认识也逐渐深化，这一时期出现的过共晶白口生铁标志着我国在块炼铁出现不久后逐渐探索出生铁冶炼技术，为铁器时代的到来奠定了基础。春秋时期，生铁冶炼是将铁矿石放在温度较高的鼓风竖炉中，使其在液态状态下发生还原反应，所需温度在 1146℃以上。

经鉴定，为块炼铁渗碳钢制品。

春秋时期的铜柄铁剑

春秋时期的金镡 (xín) 金首铁剑

春秋晚期的铁直口锸 (chā)

# 战国时期

冶铁规模逐渐扩大，生产管理体系逐渐完善，形成了采矿、冶炼、铸造、加工制造一体化的流程，标志着铁器时代的到来。对于早期生铁炼炉的结构、形制等，暂无文献介绍，1987年，河南西平县酒店冶铁遗址出土了迄今为止年代最早的生铁冶炼炉。这座冶炼炉为竖式炉，该炉的制作过程是先在土丘内挖出炉体，再用耐火材料的泥砖砌垒，其主体结构由炉基、风沟、炉腹、炉缸4部分组成。

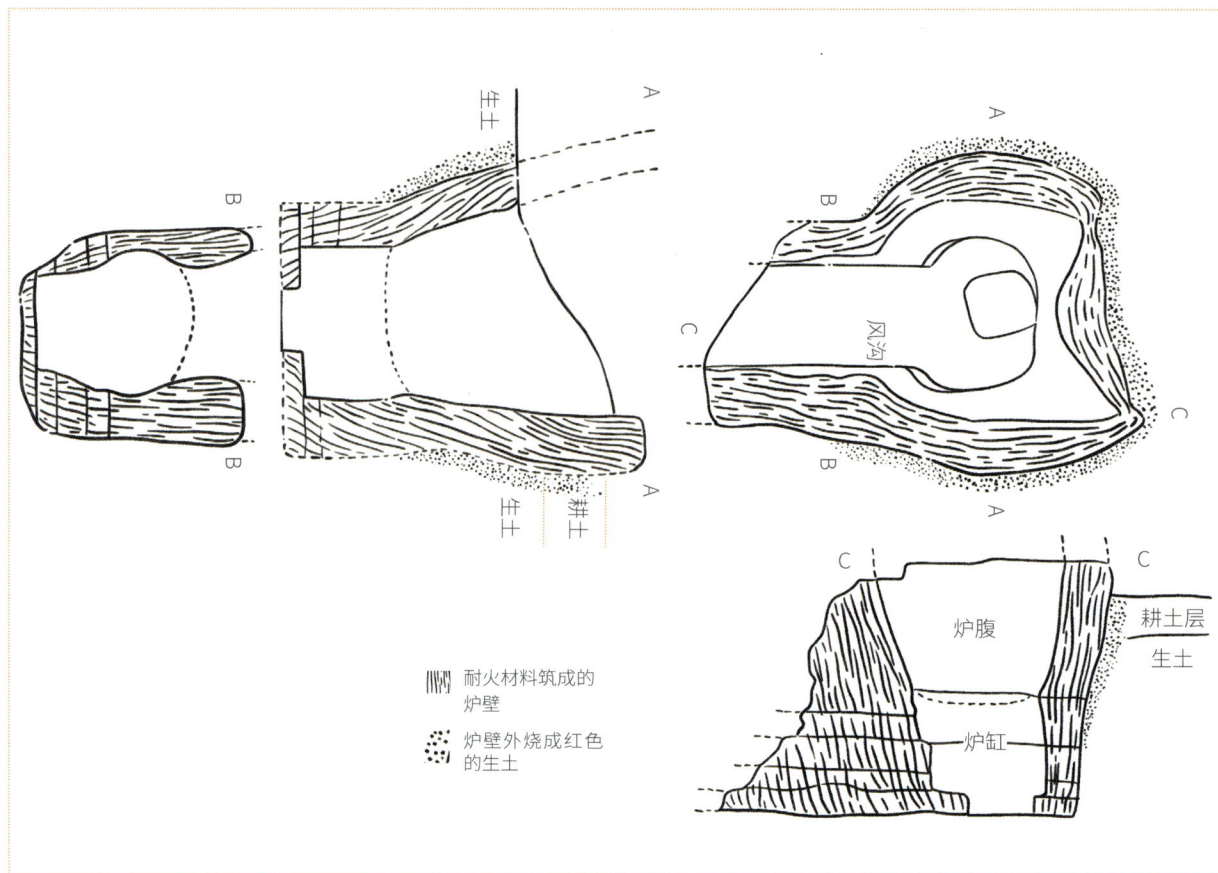

西平县酒店冶铁遗址出土的生铁冶炼炉的平面图、剖面图

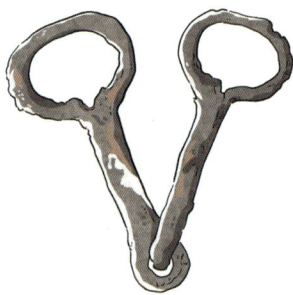

战国时期的马衔

战国时期的错金嵌玉铁带钩

## 秦汉时期

冶炼进入发展时期，技术的应用和推广使大量铁制品被生产出来，从农具到兵器应有尽有。西汉初期，国家采用官营和私营并行的方式，对盐铁业设官进行管理和征税。汉武帝时期，为了加强中央集权，实行盐铁业官营政策，并在全国重要的产铁区设置铁官，西汉后期全国有 49 处铁官，专门负责铁器的生产与销售，促进了矿采技术的发展。秦汉时期，铁器的发展标志着铁器时代的到来。

汉代的冶铁技术非常专业，矿采、冶炼、锻铸一体化的工业体系促进了铁器的有效生产，提高了生产效率，在纳入统一管理后，形成了各自的产品标识，如蜀郡铁官的"蜀郡""蜀郡成都""蜀郡千万"，河南郡的"河一""河二""河三"等。

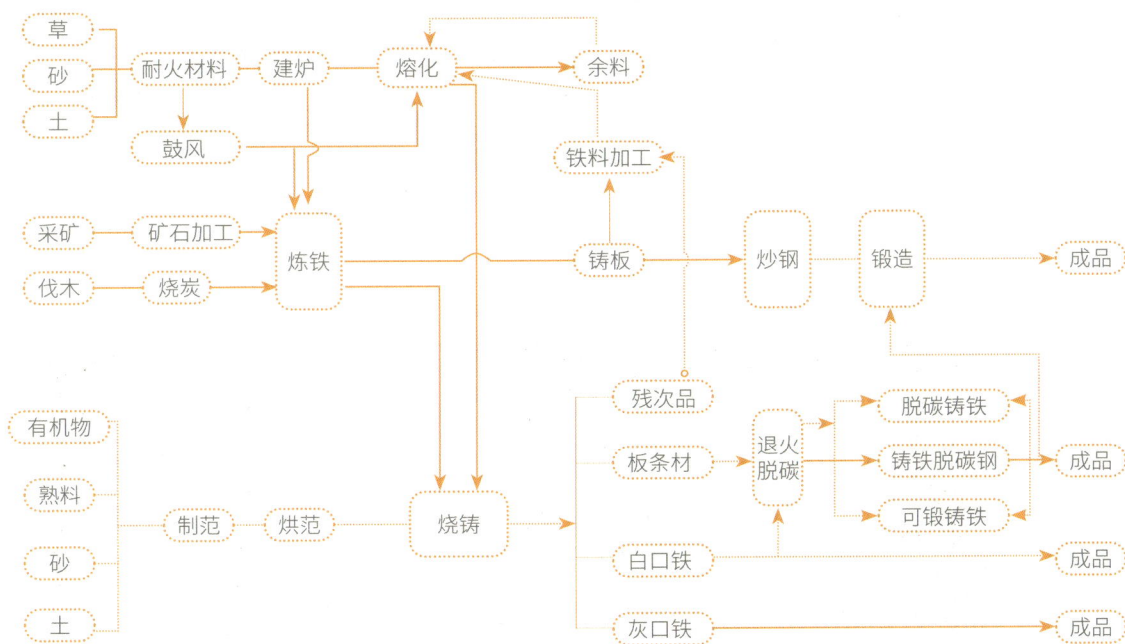

汉代的冶铁流程图

汉代"蜀郡"铁锸

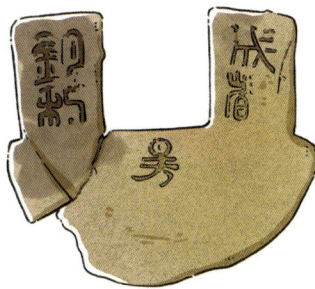

汉代"成都铁利"铁锸

经考古，发现了诸多重要的汉代冶铁遗址。始发掘于 1958 年的河南巩县铁生沟冶铁遗址，是我国首次全面发掘的铁工场遗址，其为汉代河南郡特级大铁官所辖的第 3 号冶铸一体的铁工场，东西长约为 180 米，南北宽约为 120 米，面积约为 21600 平方米，有炼炉、锻炉、炒钢炉、脱碳退火炉及烘范炉等，还有大量的铁器、铁料等。铁生沟冶铁遗址具有完善的产业链体系，冶铁流程大致可以复原为：采矿、矿石加工、炼铁、铸造、脱碳退火或炼铁、铸锭、炒钢、锻造。

在皮囊周围有四人劳动，二人做推拉动作，其余的人坐卧在地面和墙垣横木之间，专家推测可能是两人一组，轮流操作。皮囊上面为 4 条吊挂在屋梁上的吊杆，借以拉持皮囊，使皮囊固定。

石刻中部为锻铁劳动的场面。

皮囊的右下方是根风管。

冶铁图画像石拓片（局部）

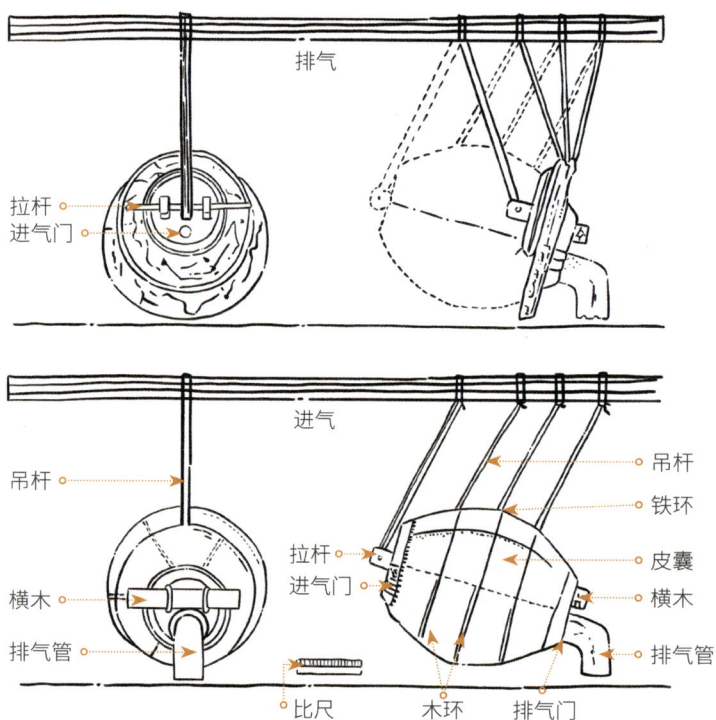

冶铁图中使用的皮囊复原图

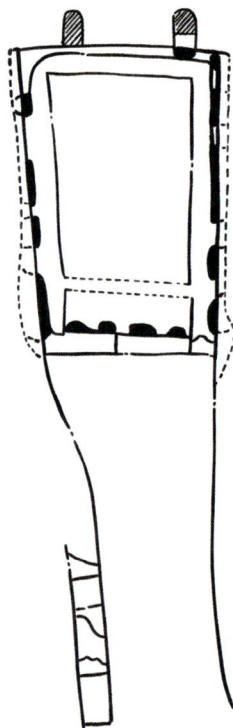

脱碳退火炉示意图

位于郑州市的古荥冶铁遗址 1 号炉是迄今发现的可复原的特大型炼炉之一，炼炉平面为"凸"字形，炉体在头部，炉缸呈椭圆形，下部基础和炉前工作面基础相连，由耐火土夯筑而成。炉后部和炉前两侧，黄土上夯红黏土，工作面两侧有柱洞。

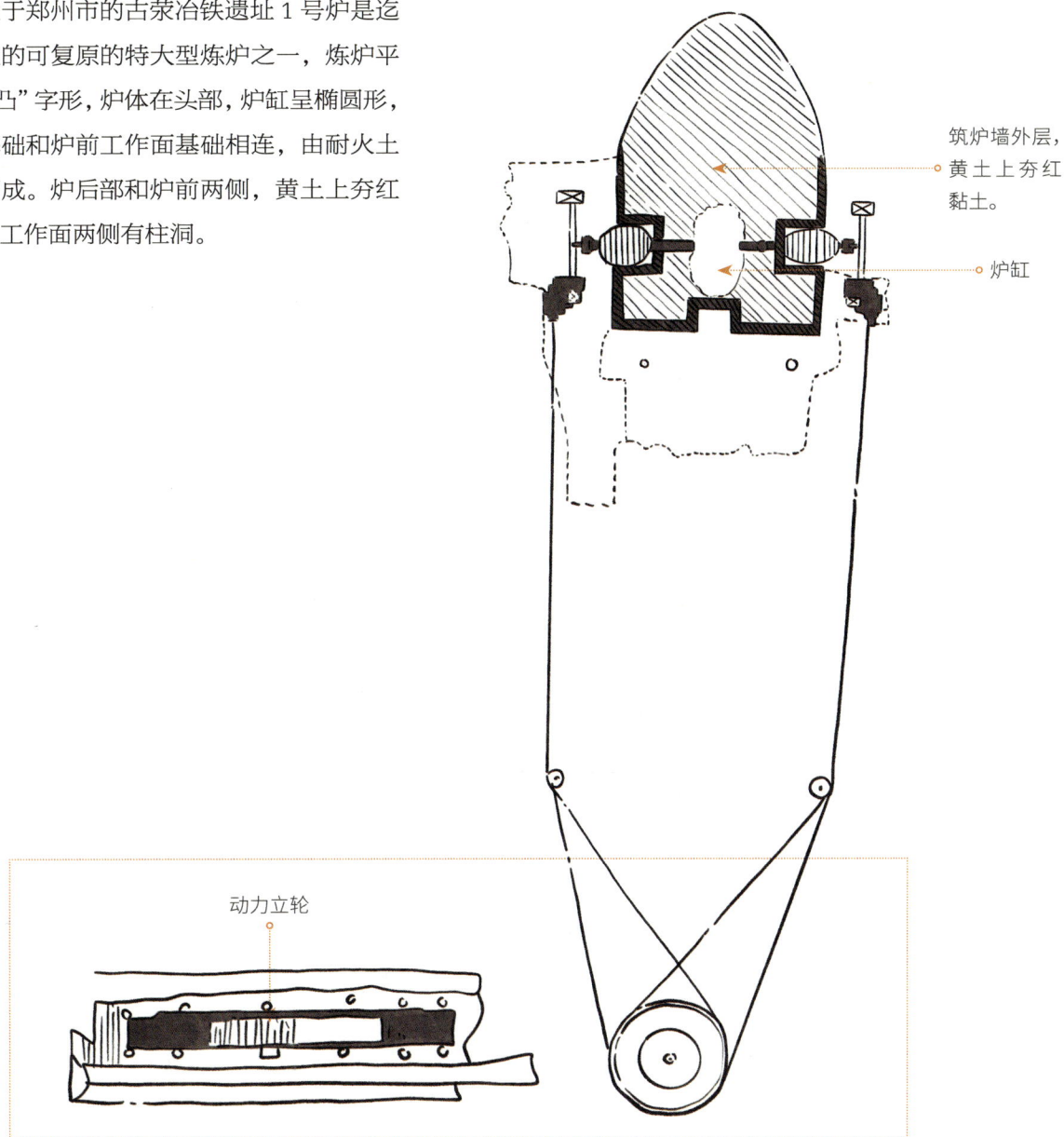

筑炉墙外层，黄土上夯红黏土。

炉缸

动力立轮

古荥冶铁遗址 1 号炉复原示意图

位于河南鲁山县的望城岗冶铁遗址 1 号炉同样也是迄今发现的可复原炼炉，分炉基坑、炉缸基槽、炉缸、鼓风坑和附属设施五大部分，其中夯土基础和炉缸基床是整个系统的基础，因此要求必须特别坚实。炉基坑呈长方形，以灰白色黏土分层夯筑填实；基础坑底部有防潮处理，最底层为纯净木炭颗粒，木炭层上铺一层石灰，再间隔铺夯一层黄褐色夯土，最后加铺一层石灰层。炉缸基槽口部以下呈台阶状内收，基槽依旧为耐火土分层夯筑，炉后坑、炉侧坑可能是架设鼓风器具的基架。

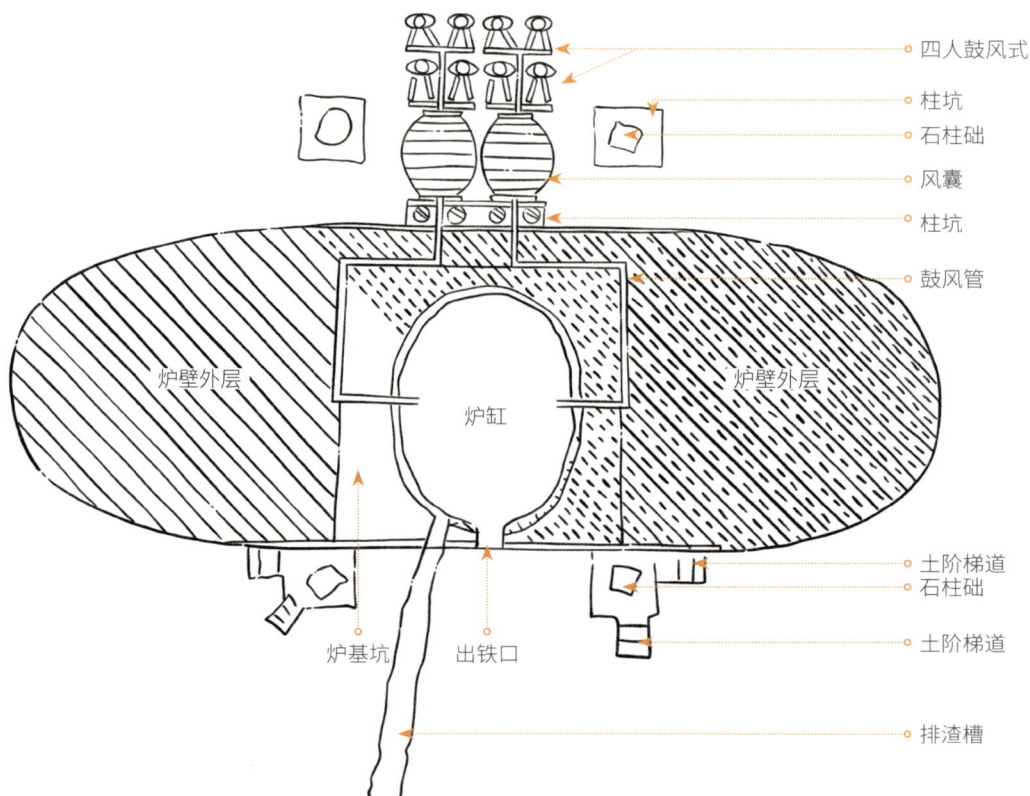

四人鼓风式
柱坑
石柱础
风囊
柱坑
鼓风管

炉壁外层

炉缸

炉壁外层

土阶梯道
石柱础

土阶梯道

排渣槽

炉基坑　出铁口

鲁山县望城岗冶铁遗址 1 号炉复原平面图

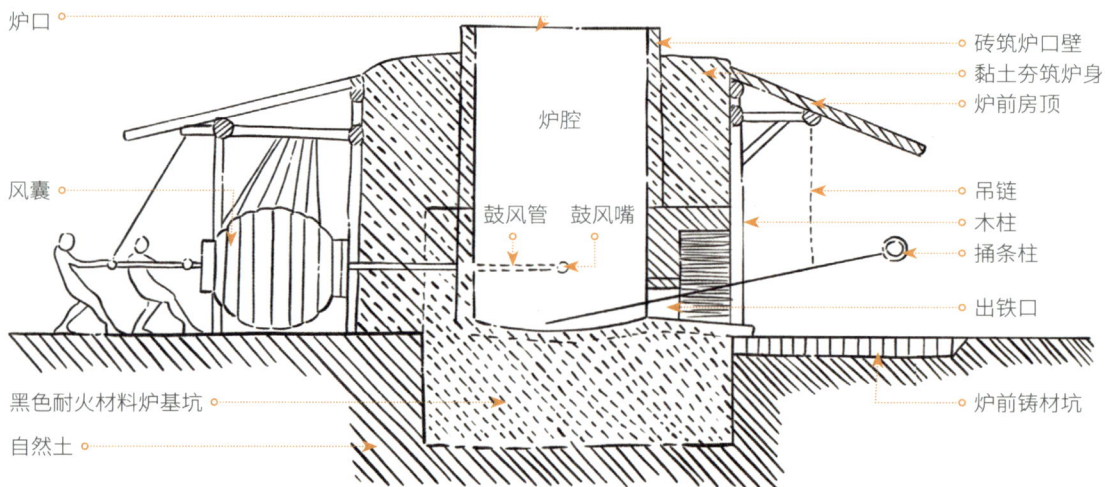

炉口

砖筑炉口壁
黏土夯筑炉身
炉前房顶

炉腔

风囊

鼓风管　鼓风嘴

吊链
木柱
捅条柱

出铁口

黑色耐火材料炉基坑

炉前铸材坑

自然土

鲁山县望城岗冶铁遗址 1 号炉复原剖面图

汉代的冶铁业非常发达，河南南阳是当时的冶铁重镇。瓦房庄冶铁遗址出土的数座熔铁炉和大量铁器，侧面印证了当时冶铁业的盛况。瓦房庄冶铁遗址是一处以铁料及废旧铁器为原料的大型铸造兼炒钢、锻造的区域；考古学家在瓦房庄冶铁遗址发现了 7 座熔铁炉、数座炒钢炉，以及烘范窑的残迹。在瓦房庄冶铁遗址发现的热鼓风熔炉、空心熔炉座、水力传动鼓风机械等体现了南阳当时的生产力和先进的技术。

同样，四川也是汉代重要的冶铁中心，临邛、犍为、南安是当时有名的冶铁基地。

汉代五足铁火盆

蒲江炒钢炉遗迹

原地面

蒲江冶铁高炉遗迹

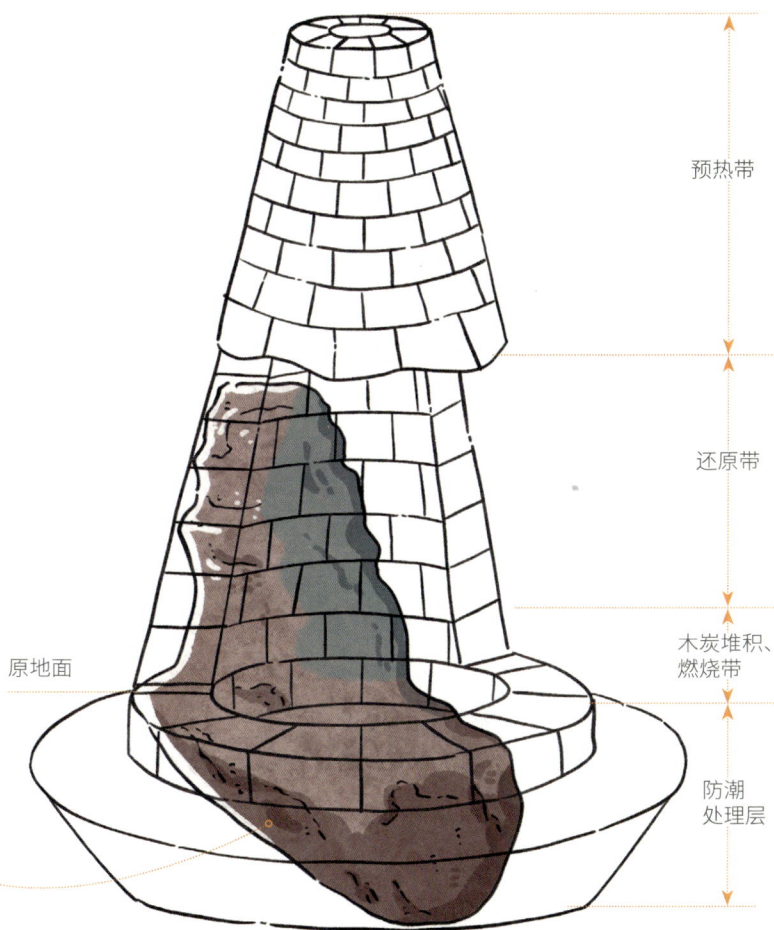

预热带

还原带

木炭堆积、燃烧带

防潮处理层

炉子形态复原图（红褐色部分为考古发掘遗迹）

从考古材料来看，当时四川冶铁水平与全国知名冶铁中心的冶铁水平差不多，炉温较高，能够炼铁成钢。冶铁过程为建炉（选址、制作耐火材料、鼓风管制作）、采矿、矿石加工、伐木与烧炭、装料、炼铁、获得铁锭、加工铁器并运输。

武阳就是今天的彭山，表明该铁炉是蜀郡产品。

汉代铁盆　　　　　　　西汉铁釜　　　　　东汉"武阳传舍比二"铭铁炉

## 魏晋南北朝时期

魏晋南北朝时期政权更迭频繁，这一时期的铁器以兵器和生产生活急需品为主，在一定程度上扩大了铁器生产规模，提高了冶炼技术。"水碓""水排"等驱动装置和鼓风技术提高了冶炼生产效率。而以煤为燃料的冶炼方式，也在这一时期出现了。在此推动下，铁器小件用具被成套标准化铸造，也出现了佛像等大型铁器。

铁犁铧　　　　　　　　铁鼎　　　　　　　　铁鍑

## 隋唐五代时期

隋唐早期，铁器的社会需求极大地刺激了铁器工业的发展，矿冶技术得到了提高。铁器工业的发展呈现空前繁荣的景象，铁器工业规模和铁器在社会中的应用程度达到了前所未有的高度。除了有生产工具、兵器、生活用具，还有大件铁器，而且大件铁器被广泛应用于建筑工程、宗教等领域，极大地拓展了铁器的用途。

隋唐时期，炼炉的结构和筑炉技术有了明显进步，炉体多采用耐火砖、石材砌筑，比秦汉时期的土筑炉体更坚固耐用。虽然隋唐五代时期的炼炉规模较汉代的小，但是这时的冶炼效率更高、成本更低。这一时期的炼炉分为圆形竖式、坩埚式、圆形竖井式3种类型，其中圆形竖炉数量最多、分布最广。

圆筒状坩埚可能用于冶炼铁矿石。

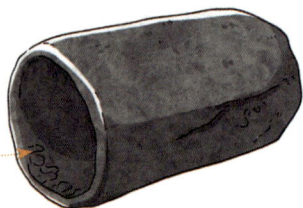

杯状坩埚可能用于浇铸铜液。

熔铸坩埚

四川荣县铁炉嘴遗址炼炉鼓风口

四川荣县铁炉嘴遗址炼炉

唐代夹纻大铁佛

隋唐时期铁器发达的一个重要标志是冶炼大型铁铸件。铁铸件类型多样，有佛塔、宗教艺术品、工程铸件等，这些铁铸件代表了当时冶铁业的发展程度。

## 两宋时期

铁冶铸规模继续扩大，无论是铁的产量还是冶铁的生产区域，都有了扩大和发展。北宋中期开始，以煤为燃料的冶炼方式已在各地普及，生产分工进一步细化，形成了冶、铸分开的生产格局。炼铁炉炉型的改进大幅提高了铁的产量。以煤为燃料，用含硅量较高的卵石作为筑炉材料已经很普遍。

铁釜

图中表现的是西夏时期作坊锻制铁器的场景，左侧一人推拉木扇鼓风，右侧二人锻打铁块

榆林窟第3窟"锻铁图"

2011 年，在北京延庆大庄科乡发现的矿冶遗址群，是辽代矿冶遗存中保存冶铁炉较多，且炉体保存相对完好的冶铁场所，主要由矿山、冶炼、居住及作坊遗址等构成，分布区域主要位于水泉沟、铁炉村、汉家川、慈母川等地。在该矿冶遗址群，考古学家不仅发现了从采矿到冶炼的遗迹，还找到了冶铁工匠工作、生活、居住的地方，遗址类型比较系统、丰富。

炉口（缺失）

炉眼（缺失）

炉腰（残存）

通风口

炉腹

炉缸

出铁口
出渣口

水泉沟遗址冶铁炉

水泉沟遗址冶铁炉的基本结构

在湖北当阳城西南 15 公里的玉泉山东麓有一座铁塔，俗称如来舍利宝塔，也称如来舍利塔、千佛塔、当阳铁塔。如来舍利宝塔始建于北宋嘉祐六年（公元 1061 年），由玉泉寺僧务本禅师领工铸建，其平面为八角形，有 13 层，高约 17.9 米，重 26472 千克，铁塔的基座、塔身、檐部和平座等部位分段用生铁浇铸依次叠放而成，工艺精湛，造型挺秀、典雅。

如来舍利宝塔

## 3.1.2　炼钢

炼钢以铁矿石为主要原料，直至 1856 年欧洲才出现炼制液态钢铸成钢件的技术，炼制液态钢所需的温度要达到 1600℃左右，由于古时候达不到这样的高温，所以人们采用了其他冶炼技术。在我国古代，人们很少把熟铁（软铁）和低碳钢区别开，而是将二者混称为"铁"，东汉后又将二者混称为"鍒"或"鍒铁"。

### 炒钢

先将铁加热到 1150 ~ 1200℃使其熔化，再将铁矿石作为氧化剂放入熔化后的铁中，二者相互作用，铁水中的碳含量降低，铁水形成糊状金属，经反复搅拌后成为钢（熟铁）和渣的混合物，这一过程被称为"炒钢"或"炒熟铁"。炒钢，始于西汉中期，到东汉逐渐普及，炒钢技术的发明是炼钢史上重要的里程碑，对农业、手工业等社会各方面的发展具有推动作用。炒钢炉的制作方法较为简单，一种方法是从地面向下挖出罐形炉膛，在内壁涂抹耐火泥；另一种方法则是用石头堆砌，上小底大，炉盖盖住炉口一半。

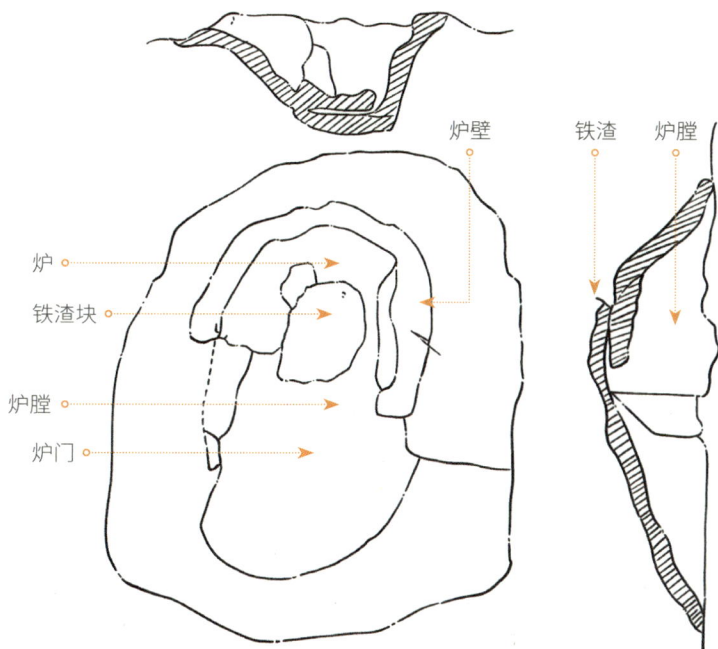

炉
铁渣块
炉膛
炉门
炉壁
铁渣
炉膛

瓦房庄冶铁遗址 19 号炒钢炉的平面图和剖面图

经鉴定，在徐州狮子山楚王陵出土的矛和凿上有炒钢制品。此外，该遗址还出土了铁铠，其铁片有一部分是炒钢制品。

这一发现证明了我国是世界上较早掌握该技术的国家。

铁铠

# 灌钢

灌钢也被称为团钢，是我国古代的一种生铁炼钢方法。灌钢，就是将生铁加热，待生铁熔化后按一定的比例灌入熟铁中，只要比例合适，就能较为精准地控制钢的含碳量。对灌钢最早的明确记载出现在南北朝，《重修政和经史证类备用本草·玉石部》（卷四）中，引用陶弘景的记述："钢铁是杂炼生鍒作刀镰者。"这说明当时已经开始用灌钢法制作刀、镰等用具。《北史·艺术列传》中也记载了北齐綦（qí）母怀文用"杂炼生鍒"的方法制造宿铁刀。沈括在《梦溪笔谈》中首次提到"灌钢"一词，书中记载："世间锻铁所谓钢铁者，用柔铁屈盘之，乃以生铁陷其间，泥封炼之，锻令相入，谓之团钢，亦谓之灌钢。"

撒潮泥灰

流入方塘

此管流出为生铁

板生铁

陲子钢

生熟炼铁炉

### 3.1.3　铅银冶炼

在古代，银的冶炼必须有铅的参与，炼铅是炼银的前提和基础。炼银的主要原料是带有辉银矿的方铅矿，或辉银矿、含银的铜矿。

方铅矿标本

辉银矿标本

我国炼银的历史悠久，最早的银制品是出土于甘肃玉门火烧沟文化遗址的银鼻环，其年代可追溯至商代早期。西周早期的叔卣（yǒu，盛酒的器具），上面有铭文"唯王祼宗周。王姜史叔使于太保，赏叔鬰鬯（yù chàng）、白金、芻（chú）牛。叔对太保休，用作宝尊彝。"这当中的白金普遍被认为是银。后来，在考古中一直都有银出现，甚至山东淄博出土了战国 – 秦时期的鎏金银盘，其口径达 37 厘米。

银鼻环

叔卣

战国 – 秦时期的鎏金银盘

汉晋时期，银的加工和生产技术有所提高，产量有所增加，使用更加普遍，我国西南地区、岭南西北地区是银的主要产区。隋唐时期，银主要用于赋税、赏赐、贮藏等，考古发现的唐代银器很多，体现了当时银矿的采炼技术和制作工艺的高超。两宋时期，银被大量制成岁币，同时大量的银被用于军费开支，元丰年间银的主产区增加至 68 个州，最大的产区便是桂阳监。

银鉴

南北朝时期的"扫寇将军章"银印

唐代莲瓣纹提梁银罐　　　　　唐代花鸟莲瓣纹高足银酒杯　　　　宋代"张四郎"圆银碟

　　从元代开始，银被当作价值尺度，并且开始流通，至明代，白银成为主要的流通货币，一般交易时大数用银，小数用钱，白银和铜钱逐渐组成了货币主体。到明代皇帝朱见深执政时期，在田赋、商税等各项收支中，银两逐渐成为主要的支付手段。此时，形式上银两与铜钱并用，但铜钱的价值太小，发行量大大减少，不能适应大宗交易的需要，在实际交易中银两的使用比重逐渐增大。

　　如此大量的银制品，少不了矿产和冶炼工艺的推动。铅矿比铜矿、锡矿多，主要有3种出产方式：一是产自银矿中，被称为银铅矿，云南地区较多；二是夹在铜矿中，贵州地区较多；三是纯铅矿，也被称为草节铅矿，四川嘉州、利州等地出产最多。

明代金花银　　　　　　明代万历年间的通宝银钱

穴取铜铅

　　而银则是一种贵金属，其矿物多达十几种，主要有辉银矿，还有自然银、硫锑铜银矿、角银矿和淡红银矿等。在古代，含银成分较高的矿石被叫作"礁"，细碎一点儿的被叫作"砂"，表面分叉且呈树枝状的被叫作"矿"。"礁""砂"的形状略像煤炭的形状，按照质量分等级，矿场主或商人挖到矿砂后，先交给官府检验、分级，然后才规定税额。

开采银矿

　　铅是银冶炼过程中的重要组成部分，在古代炼银技术中，一项重要的发明便是"灰吹法"。灰吹法是利用金银易溶于铅，铅容易被氧化成一氧化铅，而一氧化铅又非常容易被排出或被炉灰吸收的原理，将金、银等物质从铅中提取出来。

　　利用灰吹法炼银，首先是"熔矿结银铅"的过程，将经过淘洗、舂碾去除杂质的银精矿，与金属铅或方铅矿按照一定比例混合，放入熔炉中烘烧，以木炭为燃料，在烧制的过程中，银精矿与金属铅相互熔化再成团，因铅比例较大，能携银沉在炉底，使之与其他杂质分离，得到银铅陀。

镕礁结银与铅

　　得到了银铅陀，就可以开始第二步，即"沉铅结银"。如果想进一步提纯，就多重复几次这个过程。

将冷却后的银铅陀放于灰坑或煎炉中，炉底铺满草灰或炉灰，周围用木炭架起，鼓风烘烧，使银铅陀熔化，在这个过程中铅会先氧化并沉入炉底，变成黄色粉末状的一氧化铅，银则附于炭灰表面，这样铅、银便可分离，从而保证了银的纯度。

沉铅结银

除了灰吹法，古人在不断地探索中还发明了用于分离金、银的冶炼工艺——金银分离法（也叫分庚法），该方法仅用于将金银合金矿中的金和银分离，不涉及其他矿种。虽然金银分离法能同时回收金和银两种贵金属，但是这种方法过于复杂，无法在大规模生产中使用。

据东汉炼丹家狐刚子在《出金矿图录》中的记载，当时用黄矾石和胡同律等，提纯金和银。在不同时期，人们使用不同的物质提纯金和银：唐代，人们用硫黄作为反应媒介；南宋时，人们使用矾硝；明代，人们使用硼砂。

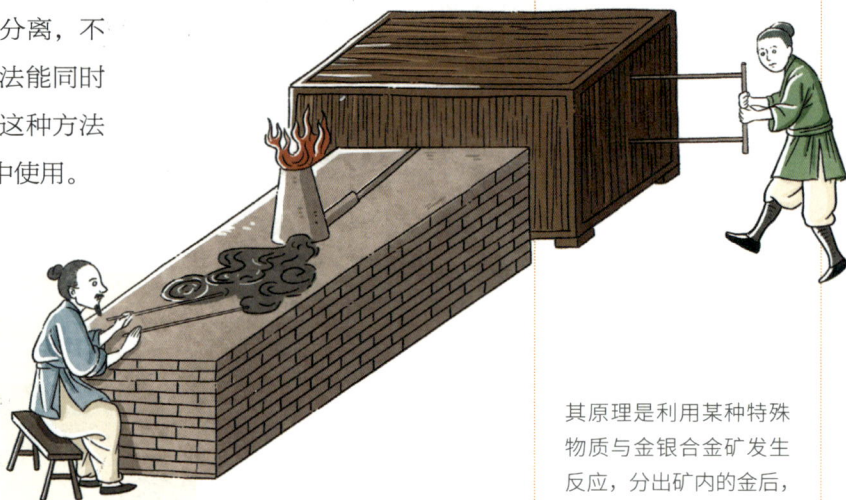

分金炉清锈底

其原理是利用某种特殊物质与金银合金矿发生反应，分出矿内的金后，再将银回收。

## 3.1.4 提取倭铅

倭铅，不是铅，其实是锌，我国是世界上产锌较早的国家之一。作为我国古代发现并应用的重要金属，锌主要以合金的形式存在于黄铜中，其还原温度与沸点十分接近，所以单质锌的冶炼较为困难。目前，我国已知最早的黄铜制品是出土于陕西临潼姜寨仰韶文化遗址的铜片，在山东胶州市大汶口的龙山文化遗址中也发现了含锌的黄铜锥。

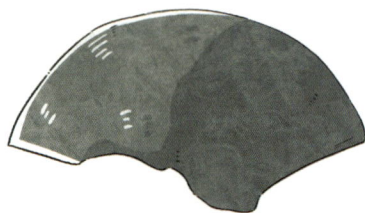

陕西临潼姜寨铜片

大约在北宋末年人们开始使用金属锌，至公元16~18世纪，锌成为外销品，远销欧洲。因此，在18世纪欧洲开始大规模利用工业竖罐炼锌之前，只有我国和印度掌握了单质锌的冶炼技术。

《天工开物》中有关于升炼倭铅的最早的文字记载。据书中记载，倭铅是由炉甘石熬炼而成的，在山西太行山一带盛产，此外还有湖北荆州和湖南衡州等地也可生产。熬炼炉甘石时，先将约10斤的炉甘石放入泥罐中，并涂抹封泥，将表面碾光滑，自然风干；后再用煤饼将泥罐垫起，下方引火，使炉甘石熔化，待其冷却后，打破罐子，取出倭铅。

闪锌矿标本

升炼倭铅

2016年，在湖南桂阳桐木岭发现的矿冶遗址是目前我国考古发现的保存状况最好、遗迹结构功能最清楚、出土冶炼遗物最丰富的一处明清时期利用蒸馏法冶炼硫化锌矿的遗址。桐木岭矿冶遗址炼锌所用矿石主要为硫化矿，主要金属矿物为闪锌矿，此外还有大量的黄铁矿和方铅矿。

在桐木岭遗址发现的焙烧区域内分布着许多圆形焙烧炉。

桐木岭矿冶遗址的焙烧台

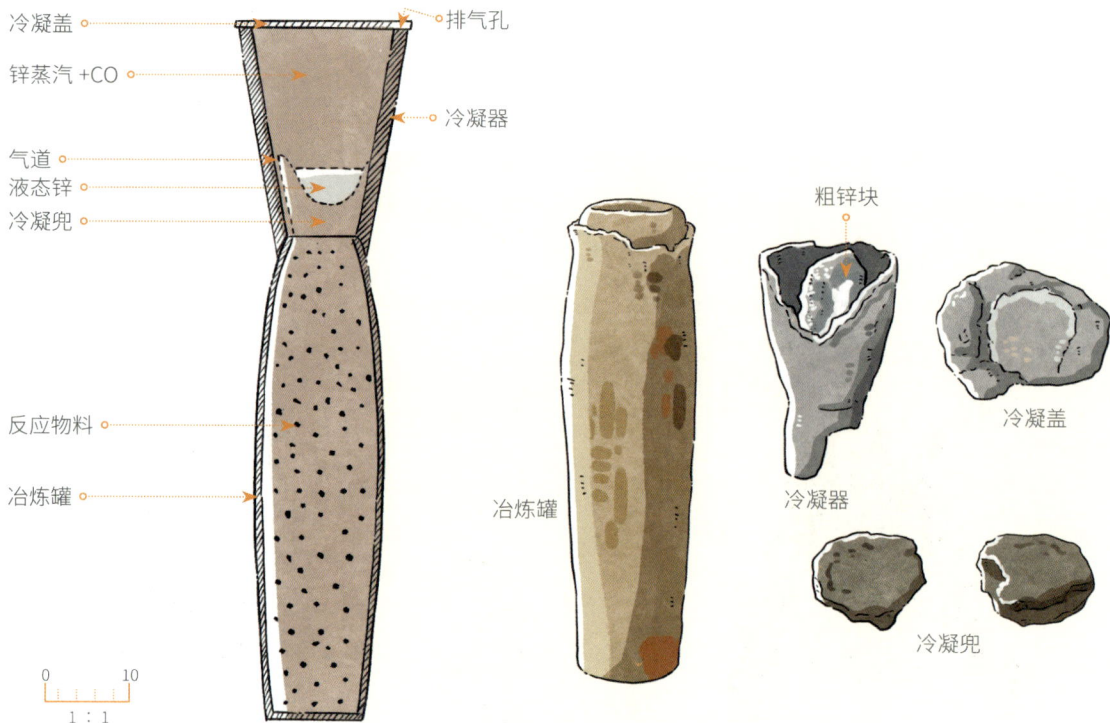

冷凝盖 · ········ → · ····· 排气孔

锌蒸汽 +CO · ····

· ····· 冷凝器

气道 · ·····
液态锌 · ·····
冷凝兜 · ·····

反应物料 · ·····

冶炼罐 · ·····

0    10
1:1

粗锌块

冶炼罐

冷凝器

冷凝盖

冷凝兜

桐木岭矿冶遗址出土的蒸馏罐相关遗物

## 3.1.5　炼锡

　　锡虽是铸造青铜的主要原料，但古代关于炼锡技术的记载不多，最为详细的便是《天工开物》中的记载。炼锡需要洪炉，装入锡砂，用木炭为燃料，鼓风熔炼，在温度达到所需时，加入铅为引，使锡熔化流出。或者也可以用之前炼锡所剩的炉渣作为助熔剂，将碎炭铺平成池，旁用铁管制成一个小的槽道，锡熔化时流入炉外低池。锡刚出炉时脆且硬，需要加入铅，使之变软，才可用来做成制品。

炼锡

在广西，有一条河流，名为南丹，是当地主要的产锡地。锡矿呈黑色，人们在淘取南丹河内的砂锡时，从南淘到北，10 天后又从北淘到南，虽然砂锡取之不尽，但是人们的工作效率很低，得到的砂锡也很少。

南丹水锡

在广西河池一带，锡产自山北，因缺水而无法淘洗，于是人们便将无数根竹管连接起来当作导水槽，把水从山的南面引过来。把泥沙中的杂质除掉后，便可将矿石放入炉中熔炼了。

河池山锡

# 3.2 冶炼工具

我国古代冶铁工业的发展促进了铁器的使用和推广，而铁器的生产离不开冶炼工具的进步，尤其是鼓风设备的改进，从早期的吹管、皮囊到水排、木扇，再到活塞式风箱，鼓风器械的独特创造，提高了炉温，是我国冶炼史上不可缺少的一环。

## 3.2.1　冶铁水排

最初的鼓风设备主要靠人力才能运转，称为人排。继而用畜力鼓动，因多用马，故称为马排。直至东汉建武七年（公元31年），南阳太守杜诗发明了鼓风装置——冶铁水排，关于它的文献记载最早见于《后汉书·杜诗传》。水排其实是一种复合机械装置，由水轮、曲柄、连杆、绳带传动装置及鼓风器等部分组成，以水流的冲力作为动力，通过连杆传递带动鼓风器，以达到产生强大风力的目的。比起之前的人排和马排，水排不仅具有用力少、鼓风能力强、效率高等优点，还促进了冶铁业的发展。

元代的王祯在《农书》中，将水排分为卧轮式水排和立轮式水排两种，书中对立轮式水排只做了简要的文字介绍，而对卧轮式水排在文字介绍的基础上配有水排图。

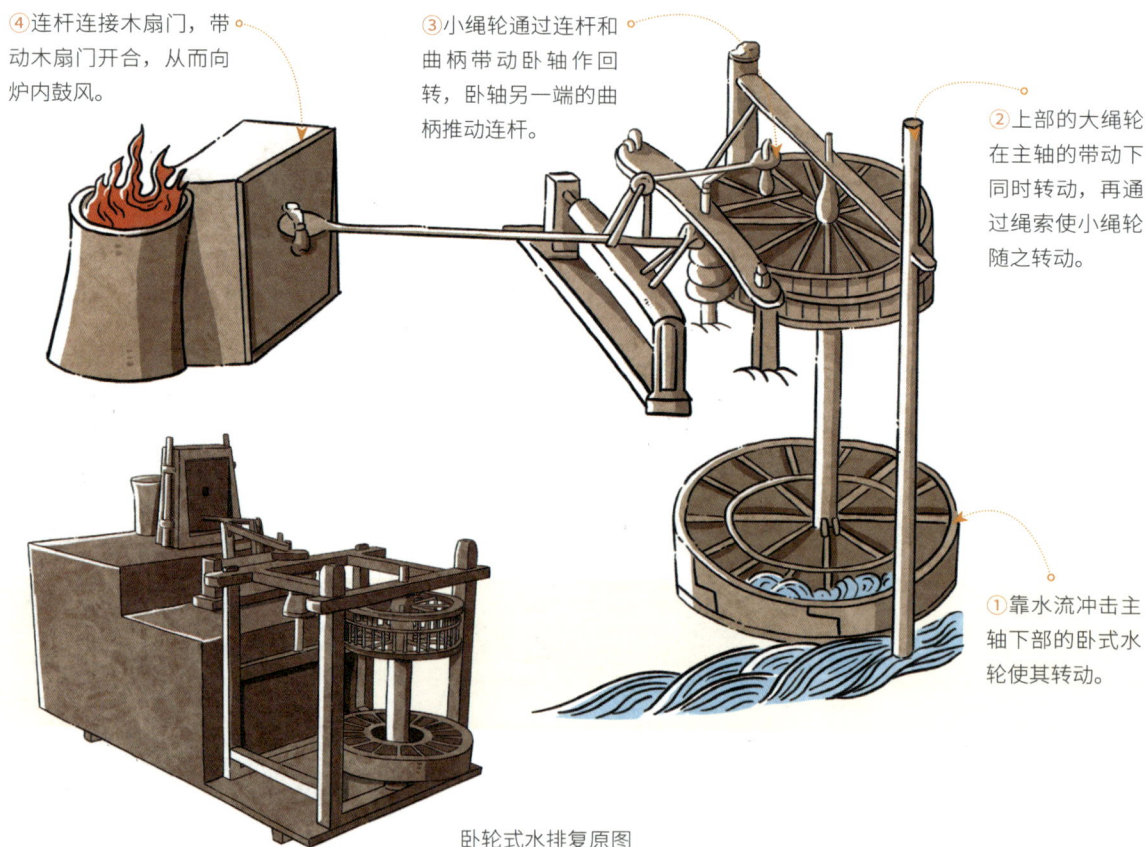

④连杆连接木扇门，带动木扇门开合，从而向炉内鼓风。

③小绳轮通过连杆和曲柄带动卧轴作回转，卧轴另一端的曲柄推动连杆。

②上部的大绳轮在主轴的带动下同时转动，再通过绳索使小绳轮随之转动。

①靠水流冲击主轴下部的卧式水轮使其转动。

卧轮式水排复原图

## 3.2.2 鼓风木扇

鼓风木扇是人们使用较早的一种鼓风设备，可以人力操作，也可以由水流推动。木扇是一个上薄下厚的箱体，木扇的门可以内外开合，向外可以充气，向内可以鼓风，通过门的开合达到鼓风的目的。

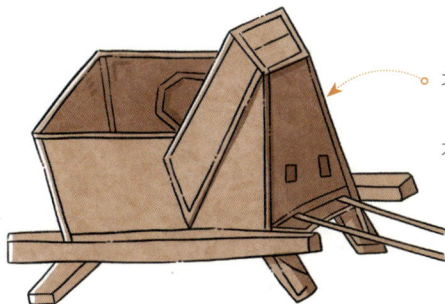

北宋《武经总要》的"行炉图"中的鼓风木扇。

这是元代陈椿的《熬波图》中"铸造铁盘图"中的鼓风木扇。

但是，鼓风木扇的工作效率有限，使用鼓风木扇工作，只能间歇地向炼铁炉内鼓风，如果想连续送风，就必须使用两个或两个以上的木扇同时工作。由于木扇密封性很差，所以风压受影响，耗力且效能较低，后因发明了风箱而使用逐渐减少。

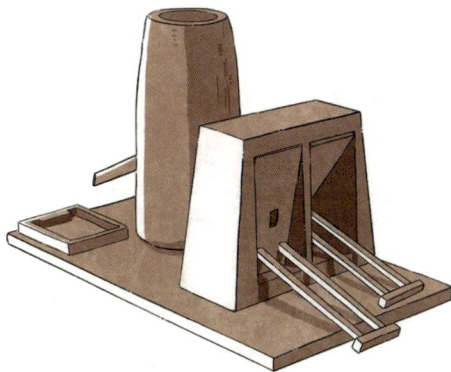

木扇炼铁复原图

## 3.2.3  活塞式风箱

活塞式风箱大体起源于宋代，在明代被广泛使用，是传统的鼓风设备，大多为长方形，偶见圆形。大型的活塞式风箱甚至需要 4 个人操作才能工作。

当风箱开始工作时，向前推动活塞板，空气流入风管，推动活动阀门，气流由风箱出风口吹入炉膛；向后拉动活塞板时，则与之相反。如此往复运动，气流被连续吹入炉膛并产生很强的风，以达到鼓风的目的。宋应星的《天工开物》中有关于活塞式风箱样式和使用的记载。

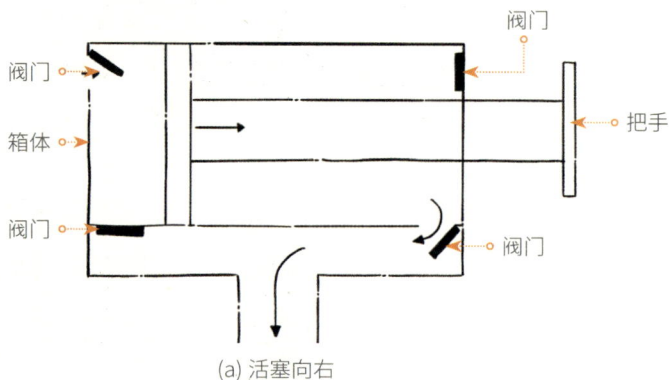

(a) 活塞向右

活塞式风箱的箱体由鼓风木扇的箱体发展而来，活塞式风箱的构造是在箱体内装一个活塞，连接拉杆；箱体一侧下部有一个长方形风管，开口与箱内连通，并带有出风口和活动阀门；箱体两侧有活门，活门只能向内开。

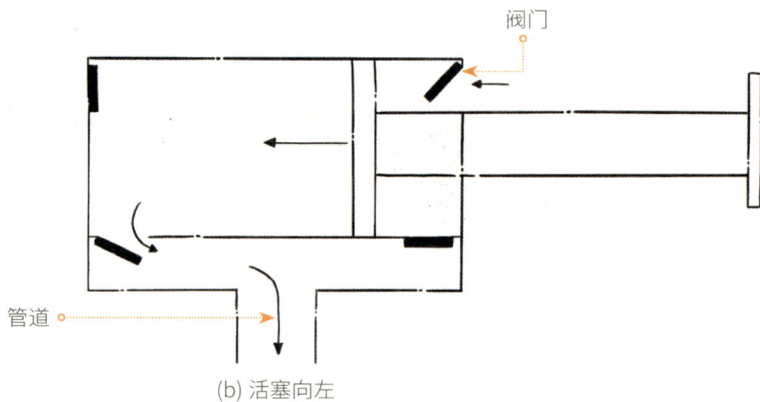

(b) 活塞向左

活塞式风箱的内部结构示意图

活塞式风箱样式

第 4 章

精妙仪器：机械

# 4.1 自动机械

在人类的发展历史中，工具的发明与使用对社会生活的发展具有促进作用，当人力难以满足人们的需求时，往往需要借助工具，而机械正是在人类的思考与实践中被发明出来的。

机械是机器和机构的总称。机器是一种进行机械运动的装置，用来变换和传递能量、物料、信息，代替人的劳动进行能量转换并产生有用功。机构是一种用来传递、变换运动和力的可动装置。

机械可以将人的力量"放大"，改变力的方向，甚至将人的力量传得更远。机械可以实现人类追求的科技效果，且效果立竿见影，牵一发而动全身。现在，小到一双筷子，大到汽车、飞机，都是机械，都蕴涵着丰富的科学知识，其实在古代人们就开始发明机械了，许多我们觉得不可思议的发明在上千年前就出现了。下面我们一起看看古人在机械发明方面的伟大智慧吧！

## 4.1.1 长信宫灯

电灯，一开一关，明暗轻松变换。电灯在人类生活中的作用无须多言，如今，我们已经习惯了电灯的存在，大多时候忽略了电灯的能源是电。在二三十年前，我国很多地区仍然没有实现稳定的电力供给，夜间还需要用火这种古老的方式来照明。自从人类步入文明社会以后，火就一直伴随着人类社会的发展，并被视为人类文明的象征，例如，火炬传递就是奥林匹克运动会中至关重要的环节和仪式。2022 北京冬奥会火炬接力火种灯的设计就大有来头，它取材于有中华第一灯之称的"长信宫灯"。

2022 北京冬奥会火炬接力火种灯

长信宫灯出土于西汉中山靖王刘胜之妻窦绾之墓，因灯体上面的铭文中有"长信尚浴"4 个字而得名，其整体造型是一位双手持灯跽（jì）坐的宫女。长信宫灯表面通体施以鎏金工艺，不仅可以有效抑制青铜氧化，还可以使长信宫灯愈加华丽。在宫殿中，长信宫灯的外观和灯光效果会使整个建筑空间富丽堂皇。长信宫灯的设计者巧妙地将灯具和室内装饰结合在一起，并赋予长信宫灯一项特殊功能——抑制油烟。

长信宫灯

长信宫灯被人们认为是两千年前的环保青铜灯具。古人在夜间用火照明，而火会产生烟尘和异味，对室内空气和人的呼吸造成严重影响，不利于保持环境整洁。在汉代，古人通过引燃灯盘上的灯烛实现照明，而灯烛产生的烟尘会直接散落在房间各处。

长信宫灯之所以环保，是因为它的内部发生了虹吸现象。

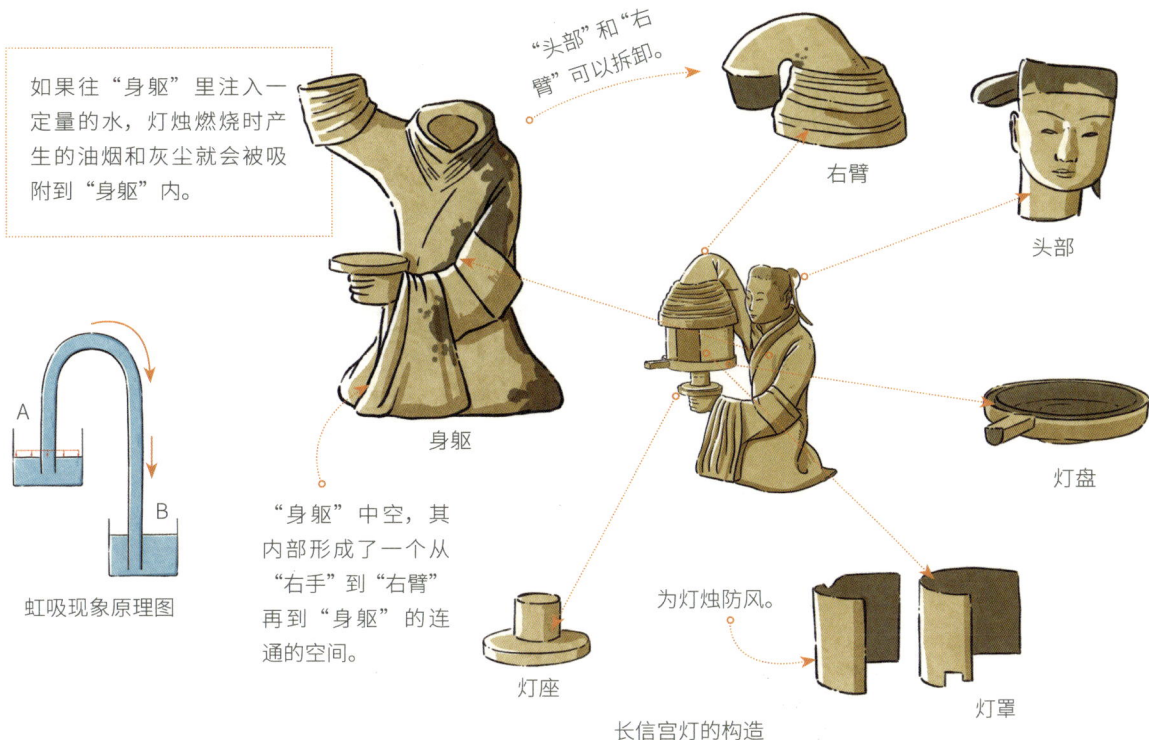

长信宫灯由头部、身躯、右臂、灯座、灯盘和灯罩 6 部分组成。

"头部"和"右臂"可以拆卸。

如果往"身躯"里注入一定量的水，灯烛燃烧时产生的油烟和灰尘就会被吸附到"身躯"内。

右臂

头部

身躯

灯盘

虹吸现象原理图

"身躯"中空，其内部形成了一个从"右手"到"右臂"再到"身躯"的连通的空间。

为灯烛防风。

灯座

灯罩

长信宫灯的构造

虹吸现象是由虹吸管两侧的压力差造成的。先将一根"倒 U 形"虹吸管插入两个液面高低不同的水柱之中，由于两个管口容器的液面承受不同的大气压力，A 侧压力大，B 侧压力小，所以水会从压力大的一侧流向压力小的一侧，直到虹吸管两侧压力相等、容器内水柱高度相等，水才会停止流动。

长信宫灯的右臂和"身躯"如同虹吸管，灯烛燃烧产生的热量造成的压力差为灯具内部发生虹吸现象创造了条件，油烟顺着"倒 U 形"袖管（虹吸管）流入"身躯"并溶于水，同时可拆卸的构造方便人们清洗"身躯"内部。

如果火的出现点亮了人类社会的发展，那么长信宫灯便是我国古代文明发展过程中古人将科技与美融合后绽放的焰火。

**知识拓展：**

① 长信宫灯高 48 厘米，宫女高 44.5 厘米，重 15.85 千克。根据长信宫灯内部的残留物可知灯内燃烧的物质是动物脂肪或蜡烛。

② 长信宫灯的灯罩由两块弧形的瓦状铜板合拢而成，嵌于灯盘的槽中，可以左右开合，可以任意调节灯光的照射方向、亮度和强弱。

③ 在同一时代，类似于长信宫灯的环保灯具还有雁鱼铜灯、错银铜牛灯。

## 4.1.2　连机水碓和水转连磨

水是生命之源，离开了水，生命难以为继。不过，你知道水也是一种能源吗？

俗话说"水往低处流"，受地球引力影响，水总是从高处流向低处，并在这个过程中产生能量，只要不结冰，它就"全年无休"。现代人利用水力发电，而古人早已将水力当作"马达"用于劳动生产，例如连机水碓（duì）。

连机水碓是利用水能使粮食加工更高效、便捷的工具。碓是用木或石制作的舂米器具，大致经历了从杵臼（用手砸）、脚踏碓（用脚蹬）、畜力碓（用牛拉）、槽碓（用水压）、水碓到连机水碓的发展过程，动力从人力到畜力，再到水力，加工效率逐步提高。汉代桓谭的《桓子新论》中有关于水碓的记载。西晋的杜预在总结水排原理的基础上将水碓改良成连机水碓。

水碓利用水流产生动力，使碓头自动完成间接性起落，从而达到去除皮壳、捣碎粮食的目的。连机水碓由两个以上的水碓组成，节省人力和时间，让粮食加工效率更高。

人们使用连机水碓的时候，将连机水碓安置在有流水的溪河岸边，流水经过带板叶的水轮（水轮的大小依据水势落差、流速快慢而定）带动横木转动。

连机水碓由立式水轮和两个以上的水碓组成，每个水碓包括碓杆、碓头、杵臼等主要部件并组装在横木上。

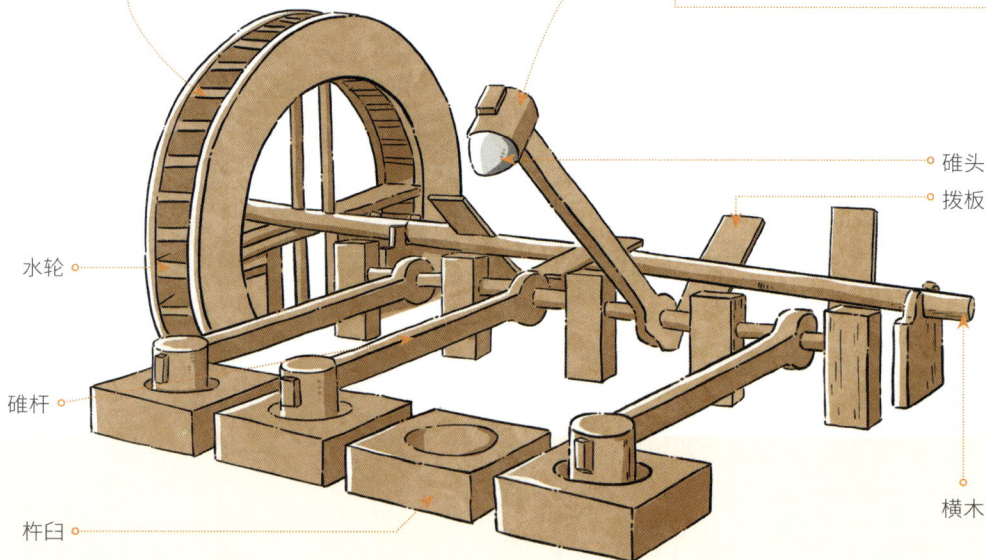

碓头

拨板

水轮

碓杆

杵臼

横木

横木上装有彼此错开的拨板，转动的拨板利用杠杆原理将碓杆压下，碓头抬起，随着横木继续转动，拨板松开碓杆，碓头落下时产生能量并砸向杵臼中预先放好的粮食等。

由于水能来自大自然，所以连机水碓可以昼夜不停地运转，水力得到了充分利用，大大减少了人力，提高了粮食加工效率。唐代以后，关于连机水碓的记载越来越多，连机水碓得到了广泛应用，除了加工粮食，还可以处理香料、捣碎矿石等。

在古代，使用连机水碓的地区（如洛阳）的粮食产量因加工效率得到提高而大增，粮食的价格也随之下调。直到 20 世纪初，连机水碓才被现代化机械替代，但是现在的一些农村地区仍然在使用连机水碓。

同样以流水为动力，杜预发明的水转连磨与连机水碓有着相似的原理。磨利用两块圆形石盘不断地摩擦这一原理，使粮食变成粉状物或浆状物。水转连磨利用流水冲击大型立式水轮带动横木轮轴上的齿轮，齿轮带动地面上有齿轮结构的磨盘，从而产生系统性运作。横轴上的每个齿轮可以带动 3 个磨盘工作，3 个齿轮可以使 9 个磨盘同时碾磨，水转连磨也被称为"九转连磨"。

**知识拓展：**

① 桓谭的《桓子新论》中记载："又复设机关，用驴骡牛马及役水而舂，其利乃且百倍。"可见当时生产效率得到了提高。

② 杜预，人称杜武库，因其才学像武器库一样而得名，他是我国历史上同时进入文庙和武庙的人，唐代诗人杜甫是他的第十三世孙。

③ 元代王祯的《农书》中附图对连机水碓和水转连磨做了详尽说明。

## 4.1.3　唐代鎏金银香囊

唐代鎏金银香囊也被称为"被中香炉"。

什么？被中放香炉？不会弄脏被子吗？别急，我们先了解一下"被中香炉"吧！

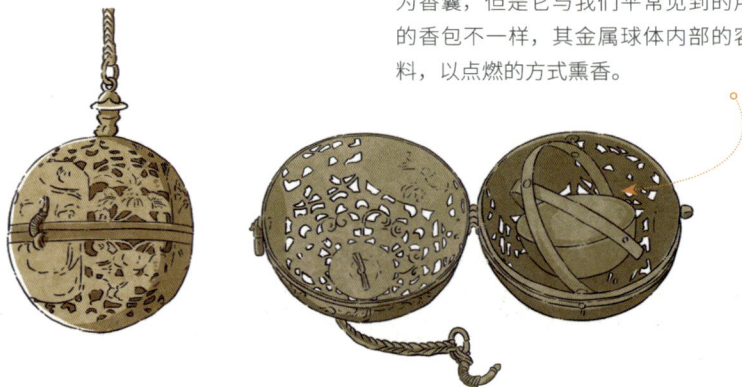

这个来自唐代的小球就是鎏金银香囊，虽然名为香囊，但是它与我们平常见到的用纺织品做的香包不一样，其金属球体内部的容器盛放香料，以点燃的方式熏香。

据《西京杂记》记载："长安巧工丁缓者，为常满灯……又作卧褥香炉，一名被中香炉。本出房风，其法后绝，至缓始复为之。为机环转运四周，而炉体常平，可置之被褥，故以为名。"其中所说的被中香炉便是香囊了。古时候人们非常重视香囊，一方面香囊可以净化室内空气，另一方面使用香囊是礼仪要求。无论是行走、乘车还是睡觉，人们都将它带在身边，那么，怎么保证香囊的安全使用和清洁呢？

《西京杂记》中提到"为机环转运四周，而炉体常平"，打开香囊，我们就能了解它是如何运作的。

香囊内部有两个同心圆机环和一个盛放香料的香盂。大机环（外持平环）与香囊内壁连接，小机环（内持平环）与大机环、香盂相连。将香盂悬挂在两边各有一个轴孔的内持平环中，当内持平环处于水平位置时，香盂因自身重量不会左右倾斜。

为了保证香盂前后平衡，连接香盂的内持平环悬挂在外持平环内，两个机环的轴孔必须垂直，轴心线的夹角为 90°。

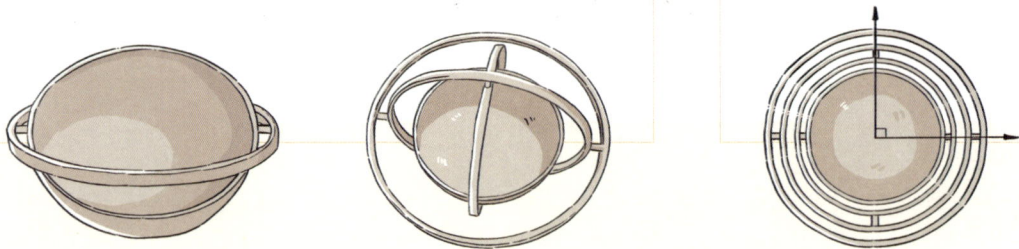

这样一来，香盂因重力作用保持平衡，不会前后倾斜或左右倾斜了，香盂、内持平环、外持平环相互作用，无论香囊怎么转动，香盂都始终保持平衡，香料、香灰也不会撒出来。

如今，许多发明都利用了与香囊类似的原理，例如，手机摄影的物理防抖、摄影云台的三轴稳定、飞机或轮船上用来辨别方向的陀螺仪等。在一千多年前的唐代，不仅有我们熟知的文学艺术作品，还有隐藏在小巧精致的香囊中的科学技术，通过一个小小的香囊可一窥大唐气象。

对于香囊内部这么稳定的结构，有没有办法让香料散落呢？想想看。

**知识拓展：**

直到十六世纪，意大利人卡丹（Girolamo Cardano）才做出相似的设计，后来西方人把它命名为卡丹环。如果与中国文献中的被中香炉比的话，卡丹环迟到人间 1600 多年，当它成为陀螺平衡仪的那一刻开始，当初小小的被中香炉便从居室之中走向了更广阔的天地。

# 4.1.4  记里鼓车

乘坐过出租车的人都知道，出租车根据行驶里程来收费，因为行驶里程是衡量交易的执行标准，所以计算里程显得尤为重要，于是计价器便承担了这项工作。每行驶一段距离，出租车的计价器就会"嘀——"一声，这说明出租车行驶了一个计价里程。

我国古代已经有计算里程的机械装置了，不过，它不是通过"嘀——"的一声，而是通过"咚——"的一声告诉人们已经行驶了多少里程，它就是用来计算里程的记里鼓车，也是减速器的雏形。

古代帝王的出行仪式中有浩浩荡荡的仪仗队伍，其中便有记里鼓车。东汉末年，刘歆的《西京杂记》中有关于记里鼓车的记载，书中这样描述："汉朝舆驾祠甘泉汾阴，备千乘万骑，太仆执辔，大将军陪乘，名为大驾。司马车驾四，中道。辟恶车驾四，中道。记道车驾四，中道。"其中，"记道车"便是记里鼓车，古人还称它为司里车、记里车或大章车。

记里鼓车前面有马匹牵引，车上有一大鼓，大鼓的两侧各有一个小木人，每当马车行进一里（500米）或十里（5000米），通过机械运转，两个小木人用木槌击鼓或击镯一次，并发出"咚——"或"当——"的声音，以告知周围人目前的里程数。这就是记里鼓车名字的由来。

古代图画中的记里鼓车

科学家们依据古籍中的记载对记里鼓车进行了复原。

记里鼓车如何实现"记里"呢？

据《宋史·舆服志》记载，记里鼓车的传动齿轮的构造如下：在左车轮的内侧，安装一个木质母齿轮——立轮，车下安装一个与地面平行的传动轮和立轮咬合。传动轮中心的传动轴穿入记里鼓车的第一层，并在上端安装一个铜旋风轮。与铜旋风轮咬合的是下平轮，在下平轮传动轴上端安装一个小平轮，小平轮与上平轮咬合。以马的拉力为动力，马向前行驶的同时计算里程。后来，科学家对这些齿轮进行了研究和计算，车轮随着马的拉力向前滚动而带动齿轮组的传动，通过齿轮大小、齿轮齿数、转动方向的换算和转变实现了小木人在车行进一里和十里的时候分别击鼓、击镯来告知人们。

记里鼓车主要运用了齿轮传动原理，在向前行进的时候，带动车轮转动，在两个齿数相等的齿轮中间嵌入一个中轮，车便能按同一速度和同一方向行驶，整个齿轮组与车轮同行同止，最后"通知"小木人击鼓或击镯来告诉人们里程。

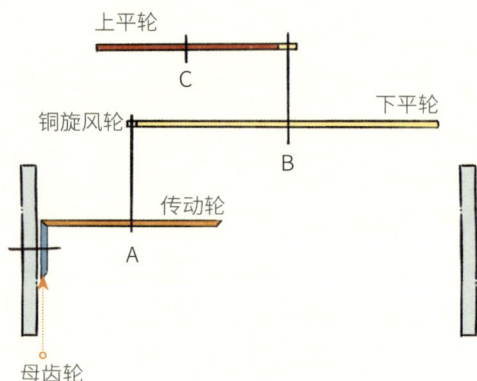

记里鼓车齿轮传动示意图 1

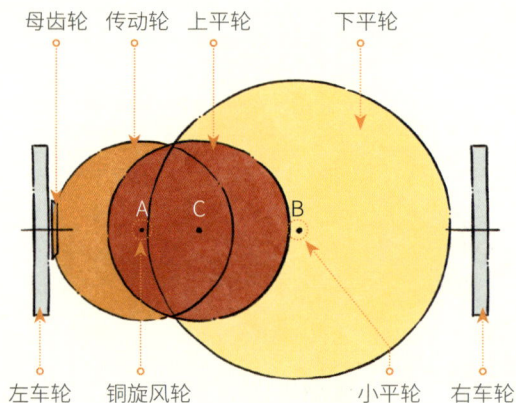

记里鼓车齿轮传动示意图 2

记里鼓车在历代《舆服志》中多有记载，古代的地图被称为舆图，有的学者认为，舆图是依靠记里鼓车测绘出来的。而记里鼓车作为里程表的前身，其核心齿轮组合也是减速齿轮装置的雏形，早在 2000 多年前，我们的先人就在机械装置方面取得了如此大的成就，这也是我国科学技术史上的一项重要发明。

# 4.1.5　水运仪象台

在 900 多年前的北宋，有一座名为元祐浑天仪象的大型装置，它既可以观测天文星象，测出日月星辰的位置，又能用于计时、报时，由于它是用水力推动枢轮使机器运转的，所以它又被称为水运仪象台。

水运仪象台是北宋天文学家苏颂、韩公廉等人发明的以水为动力的天文钟，建成于北宋元祐三年（公元 1088 年），既是当时世界上最先进、技术综合程度最高的大型机械装置之一，也是世界上最早的自动化仪象台之一，还是世界上第一台天文钟。科学史专家李约瑟认为它"很可能是欧洲中世纪天文钟的直接祖先"。

水运仪象台好像一座城楼，上窄下宽。从整体的木质结构来看，它分为上层、中层和下层，其高度和今天的 4 层楼的高度差不多。

水运仪象台的上层为浑仪，用于观测星空。人们观测星空时可以打开浑仪上方的屋顶，这屋顶是现代天文台圆顶的雏形。

水运仪象台的中层为密室中的浑象，浑象一昼夜自转一圈，形象地演示了天象的变化，是现代天文台转仪钟的雏形。

水运仪象台的下层为大型计时报时装置，其擒纵机构是后世钟表的关键部件，而大型计时、报时装置是后世钟表的雏形。

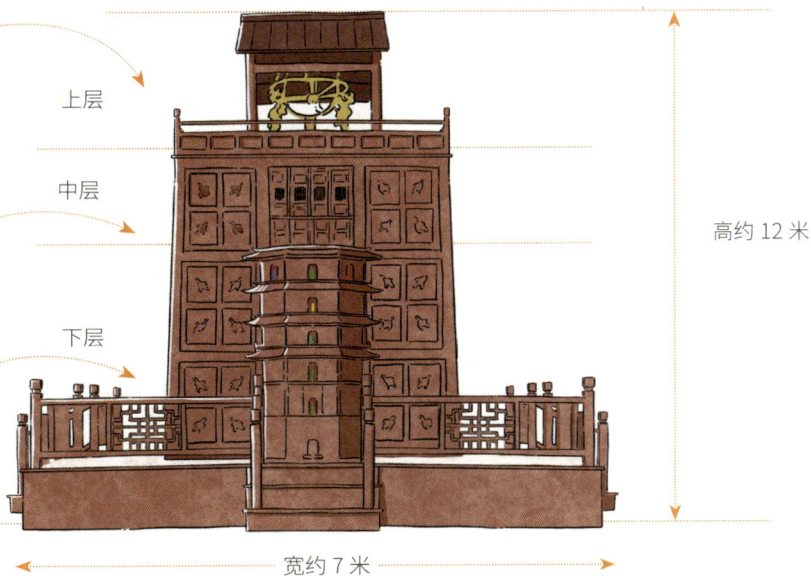

上层

中层

下层

高约 12 米

宽约 7 米

在古代，浑仪不仅可以测量天体的坐标，还可以测定时间，它由许多同心圈组成，有地平圈、子午圈、黄道、赤道等，中间有窥管，可以指向天上的某一个天体，根据这些圆圈可以读出相应的刻度。浑仪可以测量赤道坐标、黄道坐标、年月日及节气时刻等，它是典型的赤道式装置，而赤道坐标系是我国古代特有的坐标体系，目前世界各国天文台的现代望远镜基本上都采用了赤道式装置，这也是古代中国对世界天文学的一大贡献。

浑仪是我国古人以浑天说为理论基础制造的观测天体位置的仪器。在古代，"浑"字有圆球之义，浑天说认为天是圆的，形状像鸡蛋，地球是鸡蛋黄，天上的星星好像镶嵌在蛋壳上的弹丸。浑仪便是以该理论为基础制作观测天体位置的仪器的。

浑仪 ○

**上层**

上层有浑仪，用于观测星空。

浑象半露半藏，上面有太阳、月亮、二十八星宿等天体，以及赤道和黄道，它们都被绘制在一个球面上，由机轮带动旋转，一昼夜转动一圈，可以演示天象的变化。人们在此可以不受外界环境的影响了解天象。

**中层**

中层是暗室，里面放置的是浑象，是一种演示天体运行的仪器，用于显示星空，相当于天球仪。

浑象 ○
天柱 ○

木阁共 5 层，有 150 多个小木人。小木人击打钟、鼓、铃、钲 4 种乐器，不仅可以显示时、刻，还能报昏、旦时刻和夜晚的更点。
第一层木阁负责全台的标准报时。
第二层木阁可以报告 12 个时辰的名称，相当于时钟的时针表盘。
第三层木阁专门报刻的时间。
第四层木阁可告知人们晚上的时刻。
第五层木阁可以随着节气的变更，告知人们昏、晓、日出、日落、几更、几筹等情况。

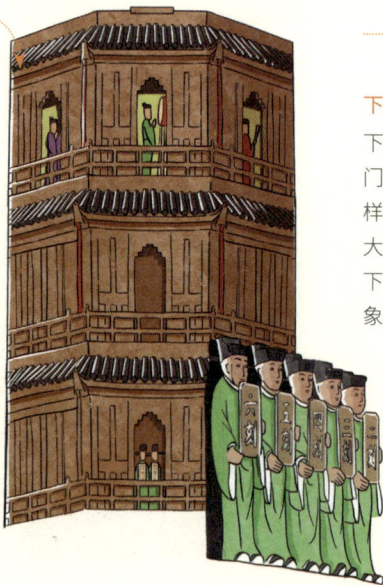

**下层**

下层设有向南打开的大门，门里有一座像塔一样的五层木阁，是一个大型报时装置，另外，下层还包括整座水运仪象台的动力装置。

随着早期的交换和交易行为的发展，人们需要对按堆交易的"产品"的分量有所认知，从而产生了重量的概念。我国较早的重量单位以粮食的种子来计算，以粟或黍的重量为标准，1200 粒粮食的重量便是一铢。

## 4.2.3 天平

杠杆原理在我国的典型发展便是秤的发明和广泛应用。在杠杆上安装一根吊绳作为支点，一端挂上被称重物，另一端挂上一只砝码或秤锤，当支点两边的力臂相等、重物的重量等于砝码的重量时，杠杆处于平衡状态，这就是天平。古人很早便掌握了杠杆原理，并称天平为权衡或衡器。

权是重，即秤砣；衡是平，即秤杆。称重时，秤砣和秤杆要配合使用，人们习惯称它们为权衡，后来也衍生出权衡利弊等说法。

目前，权和衡出现的具体时间还无法考证。不过，从商代青铜铸造工艺的成熟和《考工记》中关于不同青铜器所需铜、锡、铅的比例的记述来看，专家推测古人铸造青铜器时可能应用了权和衡。

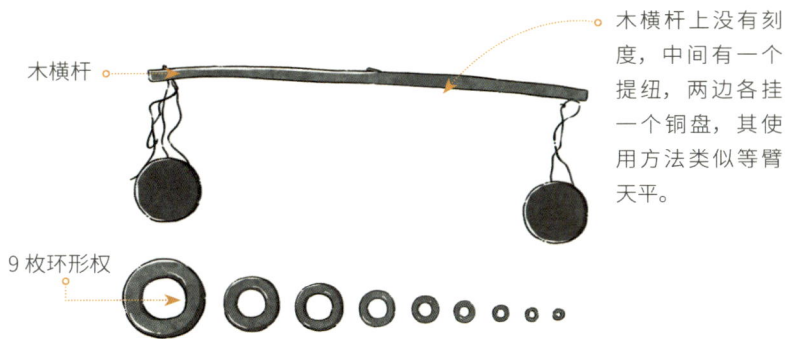

木横杆 ⋯⋯○

木横杆上没有刻度，中间有一个提纽，两边各挂一个铜盘，其使用方法类似等臂天平。

9 枚环形权 ⋯⋯○

目前，发现年代较早、较完整的权、衡实物出土于战国时期的楚墓。

目前，我国发现的最早的天平来自春秋末期，当时楚国已广泛使用小型权衡器称量贵重的黄金，以精确其重量。这时候的衡器制作精巧，最小的砝码只有 0.2 克重。三国时期出现了杆秤，对衡量技术的发展做出了重大贡献。唐代，我国的衡量技术传到了日本和其他各国，对这些国家的衡量技术产生了积极影响。

春秋时期，齐国政治家管仲曾说："取之于无形，使人不怒。"这一切都来源于古代政府向老百姓征收丝绸和粮食等实物税。高明的剥削总是悄无声息地进行，老百姓察觉不到，不至于发怒。而研究度量衡既是研究发展我国的计量科学，又是在追求公平公正。

**知识拓展：**

① 度量衡是权力的象征。在西周，如果官员被赏赐度量衡，就代表他可以征收税赋。而朝代更迭之后，新的政权也会更换一批新的度量衡。

② 1999 年，第 21 届国际计量大会确定把每年的 5 月 20 日定为"世界计量日"。

③ 新莽嘉量上面的铭文"律嘉量斛"的意思是，斛是依照"黄钟律"制定的。古人对黄钟律极为重视，认为它是万事之本，制作度量衡当然要以之为本。《汉书·律历志》的引文指出，能发出黄钟音调的律管恰好容 1200 粒黍，而一龠正好容 1200 粒黍，所以，律管容积就是一龠的标准，由龠再到合、升、斗、斛，量器就是这样与黄钟律建立起关系的。不仅如此，还要求敲击嘉量时能发出符合黄钟律音高的声音。

## 第 5 章

# 金戈铁马：兵器

图／解／中／国／古／代／器／械

## 5.1　近战兵刃

无论我们多么厌恶战争与冲突，它们在人类发展历史上都没有停止过，历史也因战争而一再被改写，战争与冲突必然要用武器获得利己的结果，无论是史前时期用于劳作、渔猎的工具，还是后世人们专门制造的兵器、防护用具，都能帮助一方获得胜利。一个国家往往会将最好的材料、最好的技术用在军事方面，而兵器的制作技术可以代表一个时期的科技发展水平。

下图是战国时期的一件青铜器表面的纹样，这件青铜器表面的下半部分描绘了水战和攻城的场景，战士们手持各式各样的装备进行战斗。

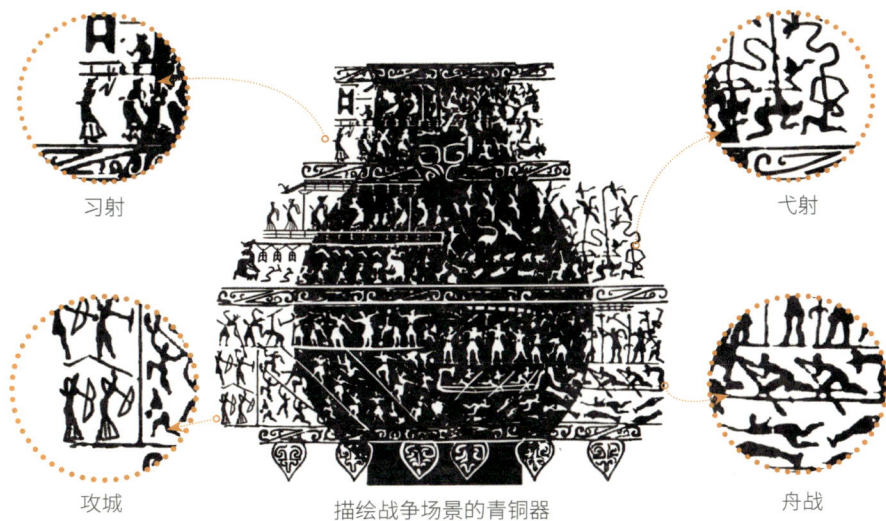

习射

弋射

攻城

描绘战争场景的青铜器

舟战

在冷兵器时代，冲突往往从近身搏斗开始，先是你打我一拳，我给你一掌，你拿起家伙打我一下，我顺手拿起东西回击你一下……那些随手可得的器械便是最初的近战武器，而方便携带且具有伤害性的工具可能原本只是劳动工具，如石斧。随着冲突升级，几人之间的斗殴演变成族群、国家之间的战争，原本只是用来劳动的工具，因作战方式和技术进步逐渐发展为具有杀伤力的近战兵刃。

## 5.1.1　匕首

匕首有着悠久的发展历史。虽然匕首短小，无法用于近战搏击，但是因其锋利无比，杀伤力强，易于藏身且伤人于无形。与匕首有关的故事，比较有名的莫过于"荆轲刺秦王"了，为了躲过层层"安检"，荆轲把匕首藏在献给秦始皇的地图中，在"图穷匕见"时实施刺杀行动。

匕首由短柄和短刃组成，刃有单刃和双刃之分。通过肘和手腕的作用力，利用尖锋实现刺杀，利用刃部可砍击，是剑的发展由来。

匕首的材质经历了从骨到石，再到金属的发展过程。在新石器时代，古人就发明了骨质匕首。通过研究山东大汶口文化墓葬中的一件骨质匕首，可知人们先将动物胫骨（即小腿骨）打磨平整，并磨出锋利的短刃，再使用雕镂技术在短柄处凿出方孔。

随着磨制石器的工艺不断进步，人们可以对石材进行精细加工，一般会选用板岩、砂岩这类易于打磨的石材，而考古发现，石匕首通常是长条状的，其尖部多呈三角形，两侧均磨出刃，有明显的刃线，在形制上与金属匕首差不多。许多石匕首都有使用过的痕迹，专家推测这类材质的匕首可能被当作刺杀武器或宰剥工具。经过试验，发现石匕首的锋利程度与金属匕首的锋利程度不相上下。

在其他墓葬当中，考古学家不仅发现了把镶嵌在骨制品上的小石片当作刀刃的匕首，还发现了商代的具有手术功能的石砭镰。只不过石匕首因形制长薄，在使用过程中很容易损坏，刃也不够耐用。

随着进入青铜时代，以青铜为原材料的匕首逐渐普及，钢铁冶炼技术成熟后，匕首贯穿整个冷兵器时代。在匕首出现的初期，匕首多是贵族、官员使用，除了用于防身，还可以收藏把玩，而普通士兵是不可能拥有和使用匕首的。不同时期、不同地区、不同民族的人，用精湛的工艺和华美的装饰打造用来防身或刺杀的匕首，有的匕首与不同的材料结合在一起，如铜茎玉柄钢刃、金首铁刃、铜柄铁刃；有的匕首穷尽装饰，利用了错金银、鎏金、镶嵌等工艺，甚至有的匕首的整个刀柄、剑鞘用金或玉制成，极尽奢华。

骨质匕首整体上呈扁平的三角形，一面中央有凸起的棱脊，两侧有利刃，前端聚成尖锋，手柄处镂雕出一个大的用于握持或穿绳携带的长方形透孔。

骨质匕首

石匕首形制长薄，在使用过程中很容易损坏，刃也不够耐用。

石匕首

石砭镰

## 5.1.2　越王勾践剑

剑，百兵之君。习武之人对剑推崇备至，神游于武侠世界的我们常常对文献、小说中提到的宝剑十分好奇。战国时期楚国诗人屈原在《九章·涉江》中写到"带长铗之陆离兮"，而挂剑墓树、刻舟求剑等故事也说明了剑在当时是达官贵族的必备饰物。春秋战国时期，剑作为一种佩饰，既可以彰显身份又可以自卫防身，它并不只是武士、侠客的专属，也是帝王将相、文人雅士、君子礼仪的象征，楚国更是将佩剑看作一种时尚。在战国时期楚国墓葬中，便出土了一把精妙绝

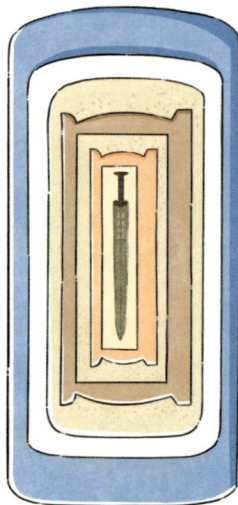

出土环境对越王勾践剑形成了3层保护

伦的宝剑——越王勾践剑。

越王勾践剑沉睡了 2400 多年，出土时色泽紫黄，毫无铁锈，剑身遍布规则的黑色菱格纹，剑格正面镶嵌蓝色琉璃，背面镶嵌绿松石，剑首内铸有 11 道间隔只有 0.2 毫米的同心圆。越王勾践剑出土时，其刃部仍锋利无比，一叠 20 多张的纸一划即破，故越王勾践剑被誉为"天下第一剑""青铜剑之王"，它代表了春秋时期我国短兵器制造的最高水平，了解越王勾践剑可一窥越国高超的青铜兵器制造工艺。

## 越王勾践剑为何"千年不锈"

金属锈蚀的本质是氧化反应，金属锈蚀的条件：一是金属本身的元素活泼，二是金属所处的环境有充足的氧气，且空气湿度较大。由于越王勾践剑的材质是青铜，而铜是不活泼的金属，此外，根据科学家的分析，可能是剑选材精良，也可能是铸造时就去除了活泼金属的杂质。加之出土的墓葬长期被地下水浸泡，越王勾践剑紧插于黑漆木质剑鞘内，在剑鞘的包裹下，处于含氧量低、腐蚀性较弱的中性土层中，为宝剑形成了一个相对"安逸"的环境。总之，越王勾践剑在地下沉睡 2400 多年后，它的气魄和威力丝毫没有减弱。

## 菱格花纹制作之谜

越王勾践剑的剑身有双线花纹，花纹交叉处有边缘不规则的云纹双层花朵，呈暗灰色。

菱格花纹的制作可能采用了人工氧化的方法，检测结果显示菱格花纹的硫含量比剑身和剑刃处的硫含量稍高，表明古人制作菱格花纹的时候可能使用了硫化物，从而得到黑色或暗灰色的硫化铜。不过，菱格花纹到底采用了什么工艺，仍需要专家们进一步研究。

## 错金铭文

春秋战国时期，很多青铜剑上都有铭文，其中不少青铜剑的制作采用了错金工艺，即在器物表面刻出沟槽，以同样宽度的金线、金丝、金片等按纹样镶嵌其中，再磨光表面。经过科学测定和分析，越王勾践剑上的铭文是在已经铸好的剑身上镂刻而成的，铭文上的刻槽刀痕至今清晰可见。

睡了个好觉呵！

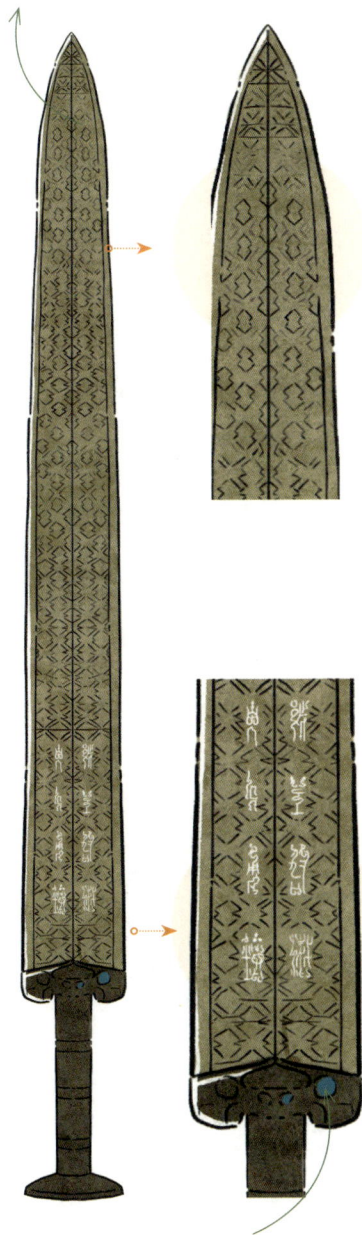

人家是错金的哦！

背后是绿松石哦！

一把穿越了 2000 多年的宝剑，不仅为世人带来了一段尘封的历史，还为世人留下了一份丰富的文化遗产和科技史料，它仍然有许多秘密等待我们去探究，可以说，越王勾践剑是蕴含着伟大科技力量的宝剑。

**知识拓展：**

① 越王勾践剑总长 55.7 厘米，剑身长 45.6 厘米，剑格宽 5 厘米，剑柄长 8.4 厘米，重 875 克。

② 越国人在兵器生产方面独辟蹊径，铸造出锋利无比的越王勾践剑，使其成为当时各国争相索求的宝物。

③ 越王勾践剑的剑脊和剑刃的铜、锡含量占比略有差异，剑脊的铜含量高，可保证剑身的柔韧性，剑刃的锡含量略高，硬度好，保证了剑的锋利度。

④ 越王勾践剑为何会出现在千里之外的楚国贵族墓中呢？相传，欧冶子曾为越王勾践铸造过"湛卢""胜邪"等宝剑，后来，"湛卢"宝剑为楚王所得。另有越国铸剑名师干将、莫邪在楚国打败越国后为楚国所用。越剑楚用可能是当时各国之间交往、馈赠、联姻或战争等原因造成的，目前无从证实。

⑤ 因为越王勾践剑的剑身正面近格处有"越王鸠（勾）浅（践）自作用剑"鸟篆铭文，所以越王勾践剑的所有者可能是越王勾践。

# 5.1.3  大动干戈

汉字中有许多与武力有关的字，如战、戍、戎、戮等，它们都与戈有关系。"大动干戈""倒戈相向""反戈一击""金戈铁马"等成语也都与戈有关。作为兵器的戈出现在汉语中，生动地传达了它的使用方法和功能。

早在二里头文化时期，人们就发明了青铜戈，这是我国发现的最早的青铜兵器之一。当时，戈形制已经非常成熟，到了商周时期，青铜戈延续着之前的形制。

金文中执戈的图像

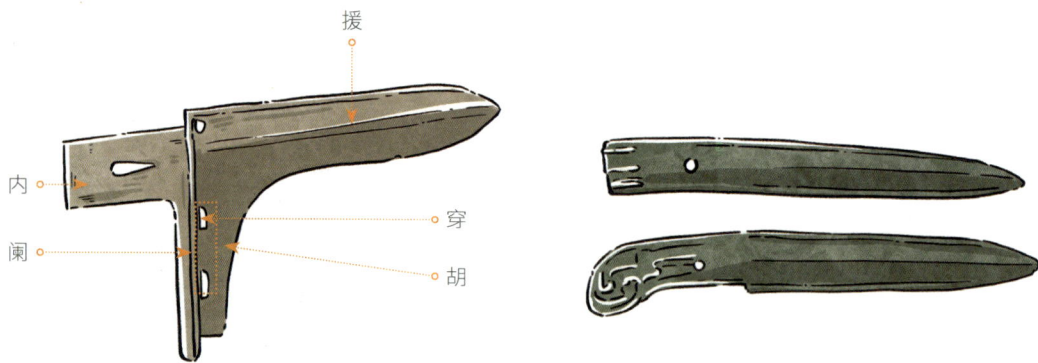

戈脱胎于镰刀，上下都有刃。士兵使用戈的时候通过外推和回拉的力量对敌方军马造成伤害，刃前方聚成尖锋，可以用来啄击对方。

戈需要通过"穿"和"胡"用绳索绑在柲（bì）上，除此之外，还有一种将柲插入戈的銎（qióng）（管状接合处）的方式予以固定，但是后来逐渐被穿系捆绑的方式所替代。

戈既是我国古代军队作战的主要兵器，也是古代士兵必备的标准兵器。士兵战斗的时候，通过挥动柲来控制戈。

柲是木质的，容易腐朽，直到我们发现战国时期的柲时才得知它的样貌。 柲的长度通常为一米左右，以适应士兵的身高和车战的距离。

在了解了青铜时代的兵器后，我们发现戈既是数量最多的兵器之一，也是最重要的兵器之一，足以看出当时戈在一个国家军事方面的普及性和重要性。虽然戈随着新作战方式和新兵器的出现逐渐式微，但是它具有丰富的文化内涵且对后来兵器的发展产生了深远影响。

木芯

竹片

丝绒、革带或软木皮包裹髹漆

这样可以保证柲在激战过程中不易断裂，同时也能保证戈在作战过程中更轻便、更柔韧。

## 5.1.4　百炼钢刀

"铁证""铁哥们"等词语，把铁坚硬的特点形容得淋漓尽致。现在，我们熟知的金属经历了漫长的发展过程才融入我们的日常生活中，而铁被制成兵器，不仅在很大程度上取代了青铜的历史地位，还为后人留下了丰富的物质文化遗产。

我国早期的铁器是来自天外的馈赠。比如商周时期的铁刃青铜兵器，经检测，铁刃都是陨铁，说明公元前14世纪中国人就已经认识并熟悉了铁的性能，而且能将铜与铁结合在一起。

西周铜茎玉柄钢短剑，是人工冶炼钢制品开始出现的证明。虽然西周的钢铁冶炼技术尚在起步阶段，但是人工冶炼钢制品的出现足以说明当时人们已经掌握了块炼渗碳钢技术。

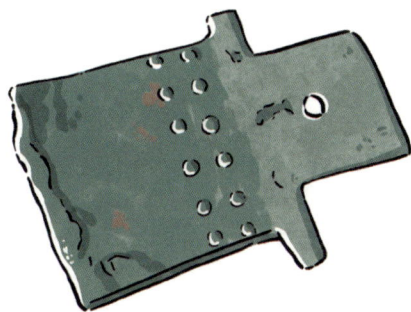

商代铁刃铜钺

西周铜茎玉柄钢短剑

到了春秋时期，楚国出现了大量铁制兵器，在墓葬遗存中，无论是数量还是种类，都比之前有所提高。战国时期，燕下都遗址中发现了许多铁制兵器，经过鉴定，它们普遍是利用块炼法制成的纯铁或钢制品。

到了汉代，铁制兵器开始成为战场上的主要兵器。以出土于中山靖王刘胜墓的铁剑为例，它以块炼铁为原料，经过反复在木炭中加热渗碳、折叠锻打而成，与之前的铁制兵器相比，其质量更好。尤其铁剑中不同碳含量分层程度渐小，各片组织均匀，低碳层仅有 0.05~0.1 毫米，这说明这把铁剑在向"百炼钢"发展。

随着金属冶炼技术的发展，战场作战的方式发生了变化。西汉骑兵较多，骑兵对适合劈砍的兵器的需求越来越大，而环首刀正好满足了他们的需求。环首刀因刀柄为扁圆的环状而得名，它是一种专门用于劈砍的短柄兵器，直脊直刃，刀体细长，其长度通常为 85~114 厘米，一侧是刃口，没有尖锐的长剑锋；另一侧是厚实的刀脊，刀背平直。从力学角度来看，厚脊薄刃的刀有利于骑兵在奔驰的战马上劈砍，且不易折断。

在汉代的环首刀中，"百炼钢刀"为精良代表。要说"百炼"，我们先从"卅湅（liàn）"说起。人们在山东苍山发现了一件东汉纪年的长刀，全长 111.5 厘米，它以含碳量较高的炒钢为原料，经过反复锻打而成。铭文中有"卅湅"二字，字面意思为"三十炼"，用仪器观察后发现这把刀中约有 30 层硅酸盐夹杂物，也许"三十炼"的意思是将锻造好的炒钢折叠锻打 30 层。除了"卅湅"刀，人们还在江苏徐州发现过"五十湅"的钢剑。经过分析，这柄钢剑同样以不同含碳量的炒钢为原料，经过反复折叠锻打而成，其隔层组织均匀。

而带有"廿灌百辟"铭文的错金钢刀，便是一把锋利无比的百炼钢刀了。（"辟"是"襞"的假借字，襞，即折叠而加以锻打；百辟，即百炼。）

"卅湅""五十湅""百练（炼）"铭文刀，都属于"百炼钢"的范畴，这种工艺让钢铁有了根本性变化，但耗费大量人工，无法规模化生产。

钢铁与青铜一样，起初都是稀罕之物，被贵族当作珍贵物品随葬，随着人们对知识和技术的掌握，钢铁被广泛运用在军事方面和生活方面，曾经用于制作礼器的青铜逐渐退出了历史舞台，直到现在钢铁依然伴随着我们的生活。

从力学角度来看，厚脊薄刃的刀有利于骑兵在奔驰的战马上劈砍，且不易折断。

战国时期燕下都遗址中的铁剑

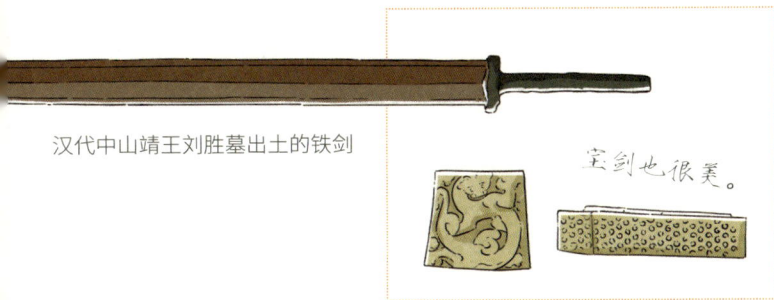

汉代中山靖王刘胜墓出土的铁剑

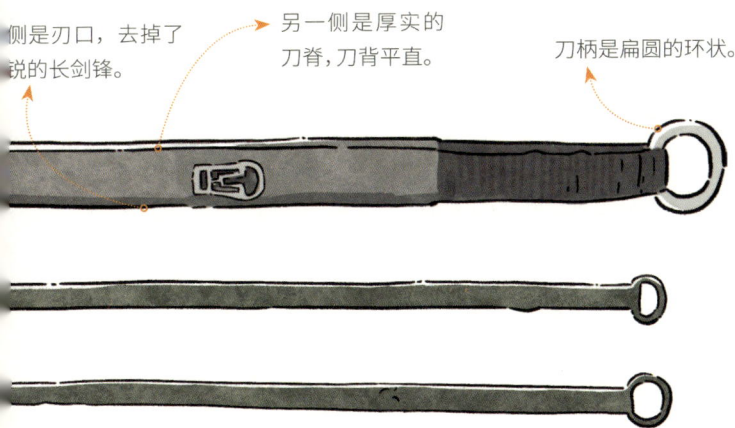

宝剑也很美。

侧是刃口，去掉了
说的长剑锋。

另一侧是厚实的
刀脊，刀背平直。

刀柄是扁圆的环状。

长度通常为 85~114 厘米

东汉永寿二年（公元 156 年）的错金钢刀（局部），
上有铭文"卅灌百辟"

**知识拓展：**

①在考古发现的陨铁刃铜兵器中，陨铁刃中有高镍偏聚的分层，据此判断不是人工冶铁。

②人工冶铁的初级产品是海绵铁，它是铁矿石在温度约为1200℃的木炭火下还原出来的，杂质多，质地松散、柔软，人们将其反复加热锻打、去渣、聚块、分散杂质后，获得可以造型的熟铁，这种熟铁通常被称为块炼铁。

③古代工匠主要用 3 种方法获得含碳量较低的铁和钢，一是块炼铁，二是退火脱碳钢，三是炒钢。含碳量很低的铁为熟铁，熟铁性软，为使其坚硬，古人发明了以熔融生铁为渗碳剂的液体渗碳方法。

④即使在灼热的木炭中，在不同情况下，工件的氧化程度和硬化效果也不同。于是，古人将工件埋入炭火深处，使其在不完全燃烧的含碳气氛中获得一定的增碳效果，后来逐渐发展成为有意识的固体渗碳。

⑤炒钢技术在西汉时已经很普遍了。古人将生铁作为原料，对其加热，直到呈液态或半液态，在熔炉中加以搅拌，利用鼓风或撒入精矿粉等方法，借助空气中的氧气，令硅、锰、碳氧化，降低含碳量，从而得到钢。

# 5.2 远射武器：强弓劲弩

除了近身搏斗，古人还会利用自己的聪明才智放大自己的力量、延长自己的手臂，于是各式各样的远射武器诞生了。远射武器可以使将士在战争中占据主动地位，除了可以近距离攻击敌人，还可以攻守城池、占据山险、压头阵、设埋伏等。远射武器中既有冷兵器时代的弋射兵器，又有开启热兵器时代的"先行军"，接下来，我们乘上光阴之箭去探寻历史长河中的逐日之弓吧！

弓弩是古代最主要的远射武器之一，我国有许多与弓弩有关的历史故事，如杯弓蛇影、飞将军李广、草船借箭、惊弓之鸟……不过，这里我们先从一件小玩具说起。

有多少人小时候玩过弹弓？

大家都知道弹弓的主体是一种"丫"形的工具，通常是木质的，长的那一端固定在手中，将一根有弹性的皮筋绑在另外两端的端点，另一只手将小纸团夹在皮筋中间并向后拉，拉到一定程度后松开，纸团"嗖——"的一声飞向了前方。

弹弓通过拉伸的力量将物体发射出去，反映的是物理知识中的弹性势能。势能是指物体（或系统）由于位置或形态变化而具有的能量。弹性势能是物体发生弹性形变时，各部分之间存在弹力相互作用产生的。弹性势能以弹力的存在为前提，其大小随着各部分之间相对位置的变化而变化。

## 5.2.1 弓箭

我国发现并使用弹性势能的历史由来已久，当你走进博物馆时，你会看见史前时期留下的被箭矢射伤的人或动物的骨骼，这是弓箭用于战争或狩猎的直接证据。

弓是木质的或竹质的，具备一定的柔韧性，人用力将弓两端的弦向后拉，被拉开的弓具有弹性势能，而箭矢搭在弦上并架在弓上，松开手后弓的弹性势能对箭矢做功，转换为箭矢飞行的动能。弓的弹性势能与箭矢所获得的动能大小相等。

新石器时代的中箭人骨

弓箭扩大了人力所能到达的范围，古代拥有优质弓箭、掌握射箭技术的人可以获取更多的资源和疆土。

诞生于春秋战国时期的《考工记》对弓的制作有详细记录。弓的主要部分是弓干和弓弦。用竹木制成的弓配合牛筋或其他兽筋（如果没有牛筋或其他兽筋，就用丝绳代替）。完整的材料还会配上牛角，以增加弓的力量；用鱼胶胶

合弓干上的材料；用丝缠绕弓干；刷漆装饰并保护弓干。制作弓身要
选用有弹性的木材，能弯曲但不易折断，松开弦后，被外力拉变形的
弓身在还原过程中可以释放很多势能，通过弦将箭射到远方。

山西石箭镞

    原始的弓仅用单片木材或竹片弯曲而成。箭则是被削尖的木棍或
竹竿，后来为了提高杀伤力，古人在箭的前端加上了尖锐的箭头，即
箭镞。箭镞多用骨、石或金属制成，相对来说更易保存，因此考古发
现的实物以箭镞居多，一般专家们通过箭镞研究弓箭的历史。

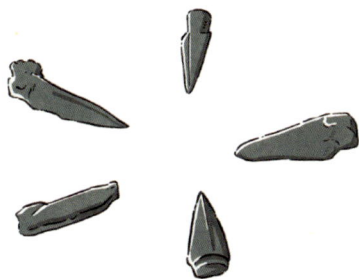

金属箭镞

    目前，我国发现的早期的一批箭镞出土于一处距今 3 万年的旧石
器时代晚期的遗址，其中扁平状石镞做工精细、前锋锐利，那时候的
人们已经能够制造出穿透性能好、减小空气阻力的箭镞了。不过，专
家们发现箭镞中更多的则是骨镞。到了青铜时代，用青铜制作的箭镞
越来越多，在一些战国时期的青铜器上能够看到当时古人用弓箭作
战的场景。

## 5.2.2　弩

    人类发明使用臂力的弓箭时，也发明了借助脚力或部分机械力的弩。专家推测，至少在商代就有木弩
了，目前发现的早期的青铜弩实物来自东周。

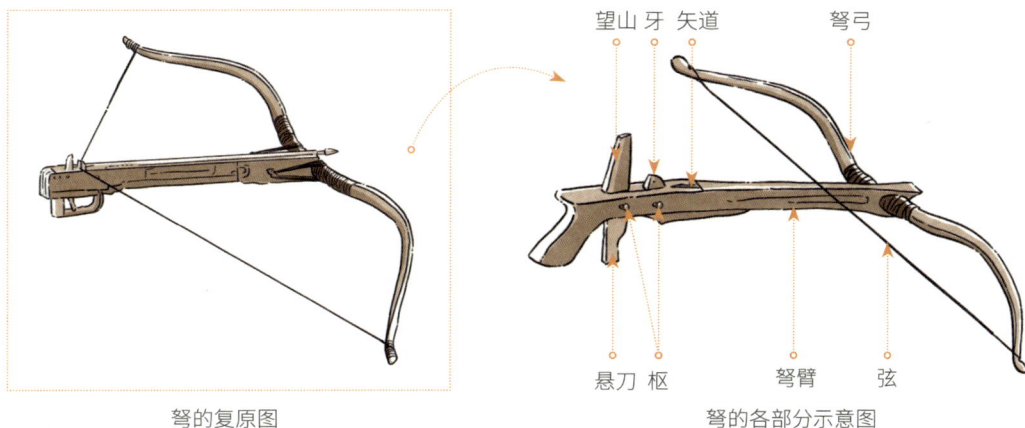

弩的复原图　　　　　　　　　　弩的各部分示意图

    其实，弩就是改良版的弓，它的装置主要是金属发射机或木质发射机。由于双手抖动会影响命中率，
所以古人就给大弓加上一个木臂，在木臂上安装一个弩机。使用弩时，先用臂力或脚力将弓弦引开并置于
弩机的牙上，再慢慢锁定目标，瞄准目标之后扣动扳机，最后弦猛然将箭向前弹射。与弓相比，弩既加大
了弓力，又能从容瞄准目标。

    弩可以延时发射，不需要像弓一样一直用臂力拉着弦来瞄准。除了可以用手发射，弩还可以用双脚蹬、
用腰引，甚至用全身之力。

古代使用弩的图像

虽然弩的射程比弓的射程远，且弓力有所加大，但是用弩射出的箭很容易超出人的视力范围，精确度有所降低。

望山的出现大大提高了弩箭发射的精确度，它类似于步枪的标尺。望山的发明，说明当时古人对斜抛物体运动中的投射角和射程有了一定的认识，也是我国古代兵器史和科学史上的重要成就。

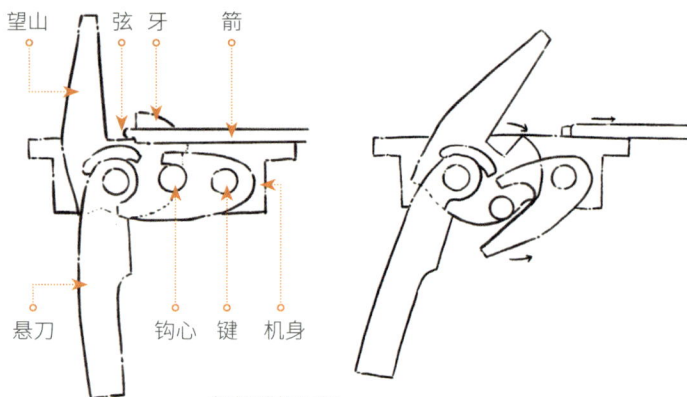

望山　弦牙　箭

悬刀　钩心　键　机身

弩机结构原理

精确度和杀伤力的提高，让弩在汉代更为普遍。古人为了将弩的杀伤力大幅提高，改造了许多形式的弩。

南京出土了一件长 39 厘米、宽 9.2 厘米、高 30 厘米的大型铜弩机，究竟是什么样的弩能用如此大的弩机呢？

我国古代还有一种大型弩——床弩。床弩是将一张或几张弓安装在弩床（发射台）上，通过绞动后部的轮轴来张弦。据北朝的文献记载，每架床弩要配备 6 头牛，牛的拉力为绞轴的动力。到了宋代，床弩的射程可以达到 1000~1500 米。专家认为，出土于南京的这件大型铜弩机应该是古代床弩的部件。

我们再来看一件战国时期的弩。

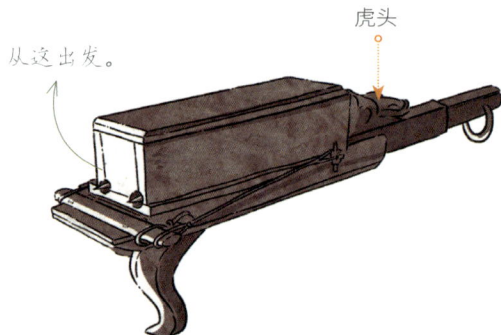

虎头

从这出发。

湖北江陵楚墓出土过一件战国时期的双矢连发的弩，经过专家复原后，我们得以看到它当时的样貌。这件连弩的上方多出一个虎形箭匣，主体的木臂上有双矢发射面，箭匣下方与发射面相连。通过机械运动，每次发射两支矢后，储存于箭匣中的箭矢可自动落到双矢发射面上完成"子弹"填充，只要再次张弦，就可以进行下一次射击。

说起连弩，肯定会有人问到"诸葛连弩"。很遗憾，它目前只存在于文献中，只能由大家想象，历史并没有为我们留下诸葛连弩的实物让我们去惊叹。但是，我们仍能从文献中获取一些关于它的信息，由诸葛孔明改良的弩叫作"元戎"，以铁为箭矢，长8寸，"一弩十矢俱发"。后来，仍有文献记载诸葛连弩的使用情况，称射出的箭为"群鸦"。

> **知识拓展：**
> ①除了弹性势能，还有重力势能、电势能和核势能等。
> ②在古代，弓箭的制作由专职部门负责。弓箭也是礼仪和体育文化的一部分。
> ③不同国家和地区的人开弓的方式不同，大体分为蒙古式、地中海式等，但基本原理都是利用了弹性势能。

# 5.3  火药武器

作为中国的四大发明之一，古代的火药其实源自1000多年前不断发展的炼丹术，它间接导致了火药的出现。古代的火药有3种主要成分：硝石、硫黄和木炭。随着人们对火药的配方和制作工艺的认识越来越深入，火药开始进入军事领域，它的出现改变了战争的方式与格局，甚至改变了世界的发展方向。

## 5.3.1  抛石机

火药出现后被用于战争中，人类战争由此进入热兵器时代。热兵器时代的第一阶段是将火药做成炸药包投掷出去，通过火药燃烧、爆炸来伤害敌人；第二阶段是以火药为动力，用火箭发射箭头或爆炸燃烧物来伤害敌人；第三阶段是管形火器的发明和使用，它增加了定向射程，提高了射击的准确性。

抛石机是火器发展第一阶段的典型武器，在冷兵器与火器并用的时代发挥了重要作用。

抛石机是古代远距离杀伤敌人的抛射类兵器，利用人力拽放装置来抛掷石块或火药包，既是古人利用杠杆原理发明的抛射石弹和火球的射远兵器，也是人类最早运用机械能和释放能发明的兵器。这种原始火炮可以在攻城或守城时使用。

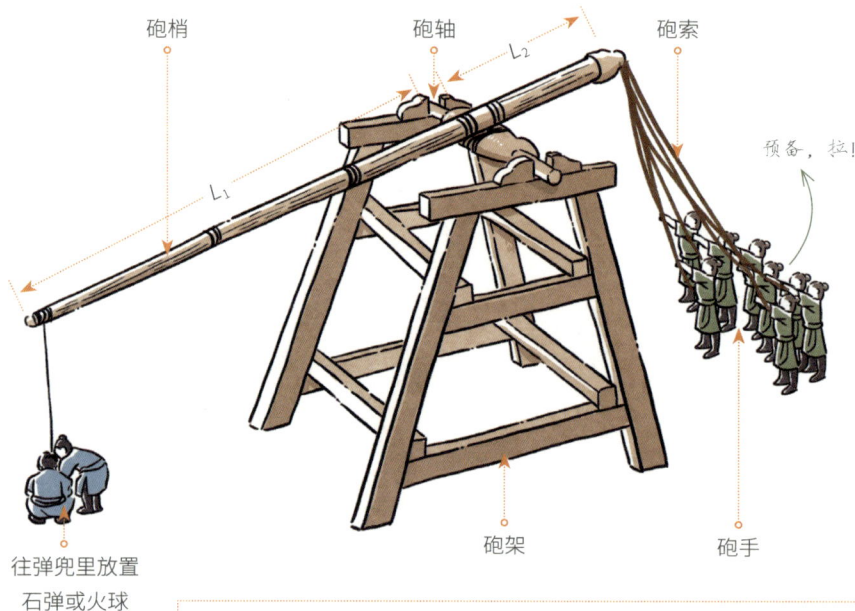

砲梢　　　砲轴　　　砲索

$L_2$

$L_1$

预备，拉！

往弹兜里放置
石弹或火球

砲架　　　砲手

使用抛石机，少则两人，多则250人，火药包重0.25~45千克，炮石的射程最远可达500米。由于抛石机主要抛射石弹和火球，攻击距离远，杀伤威力大，所以广泛应用于战争中。

　　宋代兵书《武经总要》中记载了多种功能各异的抛石机，它的基础构造是在做好的各种大木架上横置一根木轴（炮轴），在木轴的中央穿过一根具有韧性的粗长的圆木，这根粗长的圆木是抛射杠杆，也就是炮杆（炮梢）。炮杆的尾端系一个放置石弹或火球的皮窝（弹兜），炮杆头部系几十条甚至上百条炮索，以便射手拉动。当抛石机发射时，一人测定目标，其余的人各拿一根炮索，指令发出后，众人一起拉炮索，使炮杆快速翻转，石弹或火球飞出并砸击目标，达到摧毁和杀伤的目的。

　　在宋代，抛石机的瞄准方法有了很大改变，由直接瞄准法变为间接瞄准法。宋代以前，炮手操作抛石机的时候，先将炮架对准目标，由"定炮人"目测距离，判定方位角和炮梢的高低，等炮手瞄准目标后再发射，"定炮人"随着石弹或火球的轨道观察弹着点并修正偏向，直至击中目标。在古代这种射击方法简单，容易操作，但是有两大缺点：一是容易暴露自己的炮位并被敌炮反击；二是在守城战斗中，有限的城墙空间摆放不了太多抛石机。

　　抛石机最初用石头作为炮弹，后来才出现带毒烟、毒药的化学烟幕弹和燃烧弹。明代以后，火炮成为主要的攻守武器，抛石机逐渐退出了战场。

1126年，一位叫陈规的军事专家首创了间接瞄准法，他把炮架设在城墙内，使城外敌人无法看到，"定炮人"站在城上用指令指挥城下各炮的施放。

定炮人

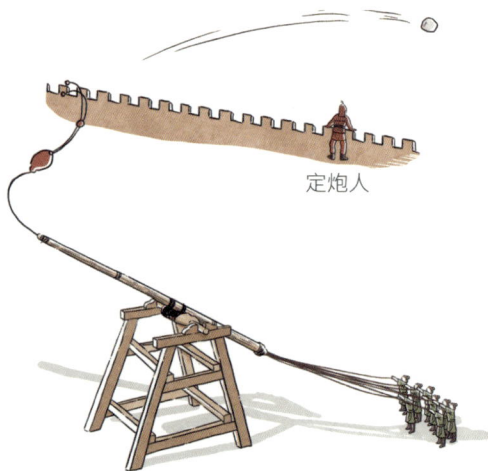

106

## 5.3.2 梨花枪/飞火枪

在冷兵器时代，枪被誉为"百兵之王"。之后，到了南宋和金朝，人们将它与火药结合在一起，在战场上留下了抹不掉的痕迹。

据《兵器考》记载，抗金农民义军李全发明了一种叫"梨花枪"的兵器，用卷纸作为筒，在里面填上火药、烟毒，系于长枪之首，临敌一发可达到数十丈。《金史》中也记载了一种叫"飞火枪"的兵器，"临阵烧之，焰出枪前丈余""以火发之，辄前烧十余步"。《兵器考》中曾将李全的梨花枪形容为"天下无敌手"。

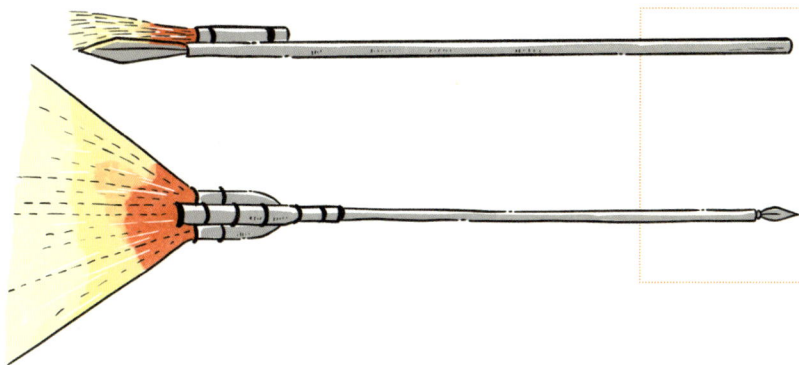

以管形火器为主的冷热结合型兵器，形制为用16层黄纸做成筒形，长二尺许，内装火药等物，绑扎于枪头。

梨花枪、飞火枪是同一种兵器在宋朝、金朝的不同称呼，都是在长枪的头部绑一个管形火药筒，临阵发射，达到恫吓、灼烧甚至毒杀敌人的目的的兵器，在短兵相接的近身搏斗中，可以用枪头刺人。因此，管形火药筒可以和其他长兵器（如钩镰状的叉）结合使用。

火药筒中的火药包含木炭、硫黄、硝石，它们是火药的3种主要成分（《金史》记录飞火枪使用火药的成分时遗漏了硝石，密封的火药筒燃烧需要硝石分解氧气）。除了木炭、硫黄、硝石，火药中还掺有铁滓、瓷末、砒霜等。铁滓、瓷末燃烧时喷溅并迷蒙人眼和马眼，其效果与霰弹效果差不多。砒霜则有散毒的功能，起到毒杀敌人的作用。梨花枪这一名字的由来大概是因为在火药燃烧喷射的火花呈白色，像盛开的梨花一样。明代梨花枪的枪头旁有一个铁制筒，铁筒形状略如尖笋，上安引信，用泥土封口，持枪者随身带几个火药筒，以备随发随换。

经过科学家复原和试验，飞火枪燃烧时的火焰温度在1000℃左右，溅射的火花的温度为1300~1400℃，在实战中具有一定的杀伤力。明代嘉靖年间，梨花枪在明军抗击敌人时起到了非常重要的作用，因其发射原理和使用方式标志着我国轻型管形火器的诞生，所以被看作近代步枪的雏形。

**知识拓展：**
①经过试验，虽然复原的梨花枪（飞火枪）的燃烧和喷溅伤害有限，但是在500~1000年前的冷兵器时代，火药的燃烧和喷射给敌人带来了非常大的震慑作用。
②古人对火药的使用有科学的研究和记载，用于燃烧、爆炸、起烟的火药有不同的配方。

### 5.3.3 突火枪和火铳

热兵器时代的火器发展分为 3 个阶段，其中第三阶段是管形火器的发明和使用，管形增加了定向射程，提高了射击的准确性。管形火器出现于宋代，文献记载宋代将领陈规坚守城池、抵御金朝李横攻城时，发明了一种叫"长竹竿火枪"的新火器。该火枪是用长竹竿制成的，使用前先将火药装入管内并放置火线，两个人共持一条火线，点燃火线，引燃火药，竹竿向前喷射火焰，用以烧伤登城的敌人。

到了南宋理宗开庆元年（公元 1259 年），一种叫作突火枪的装备被制造出来。根据资料，突火枪以巨竹为筒，加大了射程和威力；内填子窠，即原始的子弹，包括瓷片、碎铁、石子等，可在火药喷发时发出并飞向目标。突火枪的威力"如烧放，焰绝然后子窠发出，如炮声，远闻百五十余步"。由此可见，突火枪的具体形制具备了管形射击火器的三要素：身管（巨竹）、火药、弹丸（子窠）。借火药燃烧产生的气体推力，突火枪能将弹丸沿着枪管的轴线方向射出，由此起到击杀作用。

突火枪是最早的管状发射子弹的火器，堪称世界枪炮的鼻祖。到了宋元之际，战场上还出现了一种称作"火筒"的火器。这种火筒是用短而粗的竹子制成的，内装铁弹丸或石子，后来也装铅球，它是重型火器的先驱。

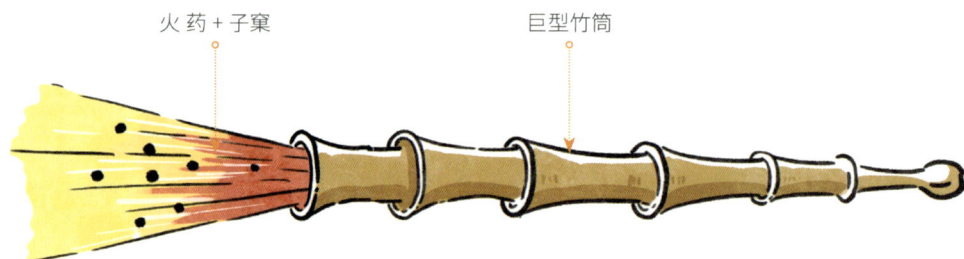

火药 + 子窠　　　　　　　　巨型竹筒

用竹子制作的喷管容易燃烧炸裂，威力有限且不耐用。直到 13、14 世纪，金属管形火器"火铳"的出现，才又一次实现巨大进步。火铳的创制和使用是从元代开始的，由原来用竹管做的火枪发展而来。火铳的创制得益于火药的爆炸性能和发射威力，并且对突火枪有所继承。目前，我国乃至世界上现存最早的有明确纪年的铜火铳发现于内蒙古，纪年为大德二年，即公元 1298 年。

金属火铳便于批量制造，抗压性强，耐烧性好，使用时间长，更加安全可靠，可以重复装填较多的火药和较重的弹丸，膨大的药室可以使火药迅速燃烧，瞬间产生高压气体，让弹丸获得较快的飞行速度，提高杀伤力。因此，火铳在被发明出来后不久便成为军队作战的重要装备。

到了以武功定天下的明代，开国之初，君王便十分重视制造兵器，火铳的制造也在这时达到鼎盛。据文献记载，从永乐七年（公元 1409 年）到正统元年（公元 1436 年）的 27 年间，火铳的编号多达 16 万个，虽然我们无法确定这是否与实际生产的火铳件数一致，但是火铳的发展可见一斑。

尾銎　　　　　药室　　　　　前镗

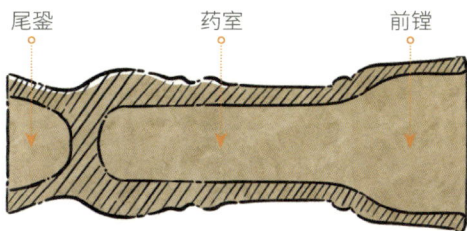

火铳由前镗、药室和尾銎 3 部分构成，发射物为石质球形弹丸和铁质球形弹丸，火铳前膛的后方为药室，药室外部呈灯笼罩式隆起。

壁上开有火门，供安插火捻用，尾銎两侧设有方孔，方孔内可横穿一轴，可在运输时使用大型火铳。人们使用火铳的时候多安放在架子上，或者发射时在火铳下面垫上木板，方便调整俯仰角度。

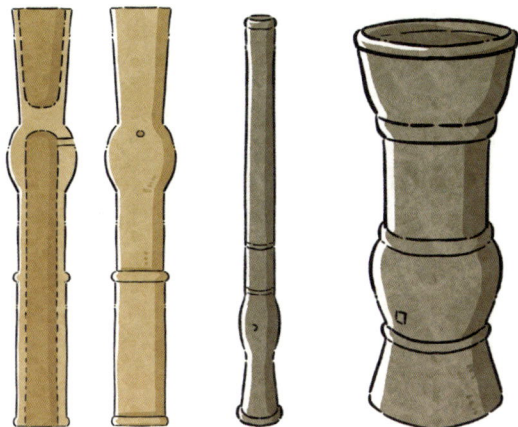

**知识拓展：**
明代火铳上面的铭文有两部分内容，分别是编号和制作时间，编号包括"天""奇""武""功""胜""烈""神""电"等。

明代初期，火铳基本分为手铳和碗口铳两种。手铳是单兵手持的轻型火器；碗口铳因铳口似碗而得名，需要架起来发射，是一种较重型的火器。虽然这两种火铳都继承了元代火铳的形制，但是它们在体积、口径、重量和使用方法上有明显的进步，并分别演变成枪和炮两个分支，可以将它们看作枪和炮的前身（明代初期，比较大型的火铳被称为"炮"）。

火铳的创制实现了我国的竹火枪向金属火枪飞跃性的过渡，标志着我国古代热兵器军事技术战争形势的发展进入一个新阶段。元末明初，我国火铳的制作和应用在世界上遥遥领先。但是自明代中期以后，我国金属管形射击兵器的发展便停滞下来，它们传到欧洲后随着社会的发展变革有了很大改进并被大规模生产。后来，我国不得不从国外舶来品中仿制了比火铳先进的佛郎机、红夷大炮等。

## 5.3.4　明代火箭

明代的火箭，非今日之航天火箭。

火箭最早只是古人在箭上点着火用于引燃，虽然明代火箭不是现在的火箭，但它体现了当时先进的设计理念，是现代火箭的雏形。

明代的《武备志》中记述了许多设计理念先进的火药兵器，其中就有关于火箭的记述，而先进的火箭技术既体现了当时人们对火药、动能的认识，也说明了火箭被广泛应用在实战中。随着时代的变迁，火箭有了新的发展方向，其主要类型有两种：一种是用来纵火的箭，另一种是通过火力喷射而前进的箭。

明代火箭可分为单级火箭和多级火箭两种类型。

## 单级火箭

单级火箭可分为单发火箭、多发齐射火箭、多火药筒并联火箭、有翼火箭等。所谓单发火箭，即一次发射一支箭；多发齐射火箭，即一次发射几支乃至上百支箭；多火药筒并联火箭，即装有两个或两个以上同时工作的火药筒的火箭。

除了传统箭头，单发火箭箭镞的形状还有刀形、枪形、剑形、燕尾形等。箭镞上可涂抹毒药，箭镞下绑着火药筒，用于起火，翎后有铁坠。

"一窝蜂"属于多发齐射火箭，在木筒内设置筒形箭架，安放32支绑着火药筒的箭矢，将所有火箭的药线连在一根总线上。"一窝蜂"可肩负可车载，也可埋在地下，作战过程中将总线点燃，所有火箭齐发，就像蜂群一样，射程为200~300米。"一窝蜂"在水战、陆战中均可使用，相当于近代的多管火箭炮。关于"一窝蜂"的使用，史书中记载了朱棣在"靖难之役"中被它重创的史实。

在明代，原理类似的火箭还有神机箭、火弩流星箭、火龙箭、双飞火龙箭、七筒箭等。

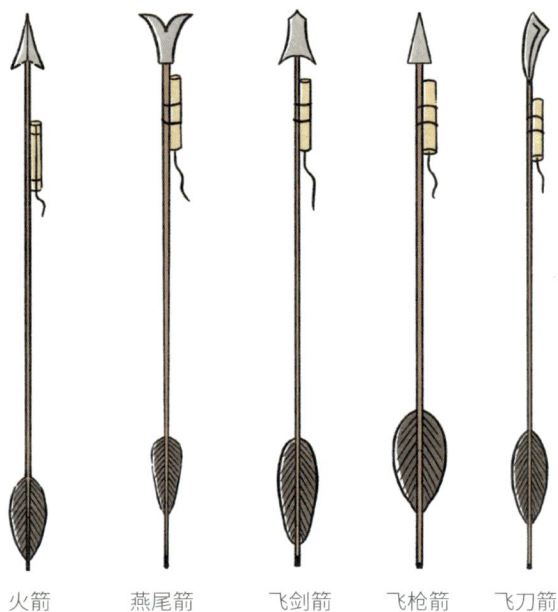

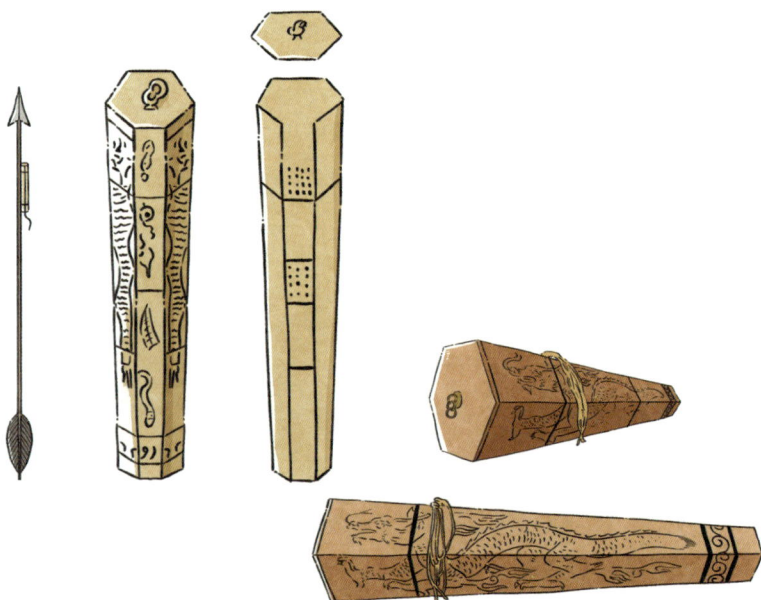

火箭　　燕尾箭　　飞剑箭　　飞枪箭　　飞刀箭

## 多级火箭

多级火箭，即将两个或两个以上的火箭串联起来的火箭。二级火箭是明代火箭技术的一大发展，可以说是现代多级火箭的雏形。

"火龙出水"是运载火箭加战斗火箭的二级火箭，是目前所知最早的二级火箭。

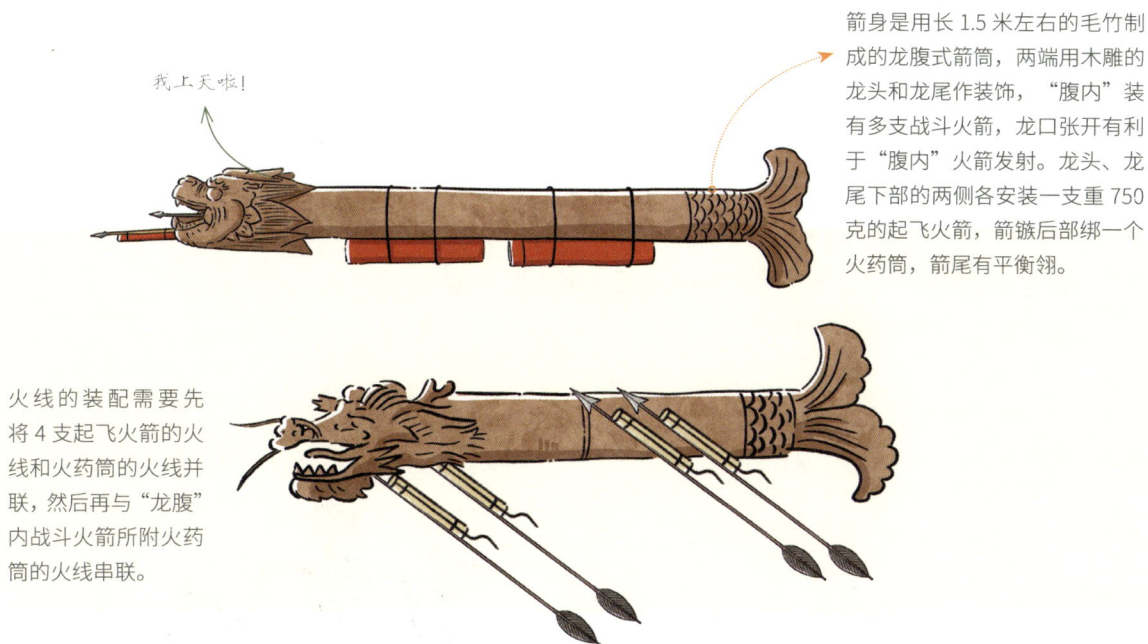

我上天啦！

箭身是用长 1.5 米左右的毛竹制成的龙腹式箭筒，两端用木雕的龙头和龙尾作装饰，"腹内"装有多支战斗火箭，龙口张开有利于"腹内"火箭发射。龙头、龙尾下部的两侧各安装一支重 750 克的起飞火箭，箭镞后部绑一个火药筒，箭尾有平衡翎。

火线的装配需要先将 4 支起飞火箭的火线和火药筒的火线并联，然后再与"龙腹"内战斗火箭所附火药筒的火线串联。

"火龙出水"多用于水战，作战时点燃 4 支起飞火箭的火线，火药燃气反冲力推动"火龙出水"在离水面 1 ~ 1.5 米的高度飞行，可飞 1000 ~ 1500 米。当起飞火箭的火药燃尽时，恰好点燃"龙腹"内战斗火箭的火线，战斗火箭借助燃气的反冲力飞向目标，射伤敌人。

**知识拓展：**

① 有一种名为"神火飞鸦"的多火药筒并联的鸦形火箭，专门用来向敌营纵火，猜一猜它是单级火箭，还是多级火箭？

② 明代的二级火箭中有一种名为"飞空沙筒"的返回式火箭，它通过将动力火箭的火药筒倒置实现发射和返回。

③ 美国火箭学家赫伯特·S·基姆（Herbert·S·Zim）在《火箭与喷射发动机》中记载了这样一件事情：14 世纪末，一位明代官员万户（又译为万虎）坐在捆绑了 47 支火箭的椅子上，双手举着两只大风筝做飞行实验，设想利用火箭的推力和风筝的力量飞起来，实验过程中火箭爆炸，虽然飞行失败，但他是世界上第一个利用火箭飞行的人。这就是传说中的"万户飞天"。

# 5.4 防护器具

战争是在攻守的拉扯之中进行的，在战争中多"付出"的同时也要减少来自敌方的"给予"，趋利避害是人的本能，防护是将士必须具备的一项能力。除了用于进攻的武器，作战过程中所用的防护器具也是兵器的一部分。在军事行动的演变历程中，防护器具与杀伤性武器的发展促进了科学技术的发展。

## 5.4.1 盾牌

在《韩非子》中有这样一个故事，一位卖盾和矛的楚国人，一只手拿着盾说："我的盾非常坚硬，没有什么东西可以刺穿它。"另一只手拿着矛说："我的矛非常尖锐，没有什么可以抵挡它。"有一路人经过，说："那以你手中的矛攻你手中的盾会如何呢？"这位楚国人无言以对，这就是"自相矛盾"的故事。

关于盾的记载，在很早以前已经有了，例如，陶渊明的诗"刑天舞干戚，猛志固常在"，说的就是《山海经》中刑天的形象，其中"干"指的是盾。盾，又称为干、牌、橹、质排、彭排、旁排等，在不同历史时期、不同地区，人们对盾的叫法不同。

### 盾的使用

作为手持防护器具，盾通常用来掩蔽身体，抵挡敌人的兵刃、矢石，和刺杀格斗类兵器组合使用，例如，古代经常说的干戈、干戚。通常，将士作战时左手持盾用来防卫，右手持兵器刺杀敌人，二者配合使用。在古代的画像石中，无论是骑兵还是步兵，都是一手执盾一手持兵器。

还有一种应用场景是，当敌方向我方射箭时，盾置于队伍之前，人蔽于后，用以遮挡箭矢。通常，这种盾长而大，多呈长方形或尖顶长方形，是专门的执牌士兵"牌手"使用的。春秋战国时期，车马战较多，战车上有专门执盾的人，他们为其他士兵遮挡矢石。有的还在城头上设盾橹，作为守城的护具。大型盾牌不仅可以保护自己，还可以保护团队和城池。

左手持盾用来防卫，右手持兵器刺杀敌人，二者配合使用。

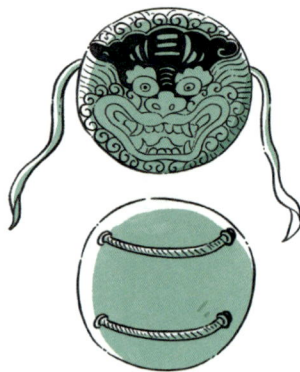

金文中执戈、盾的图像

骑兵使用的盾

步兵使用的盾

## 盾的制作

商周时期的盾普遍用木、皮或藤条等材料编制而成，表面涂漆。例如，出土于商代墓葬中的盾的残片是木质的。这时候的盾，形状多呈长方形或上窄下宽的梯形，前面镶嵌青铜盾饰，如虎、蛇等，以狰狞的形象恐吓敌人，同时增强盾的防护效果。到了春秋战国时期，盾的材质仍然以木和皮革为主，但形状的变化较大，其上部大多做成对称的双弧形。秦汉时期出现了铁盾，但它不是作战的主要装备。魏晋南北朝时期，由于甲具骑装的应用，士兵多不用盾。隋唐以来，盾按其形制和材质被分为 6 种，但从实际战斗中的使用情况来看，仍然只有步兵用的长牌和骑兵用的圆形短牌比较常见。木盾多用白杨木、桐木、较轻的松木等制成；圆牌则用藤条（我国北方地区多用柳条）编制而成。

盾的背后装有握持的把手，或手持，或绑在左臂上。由于负重问题，历代盾牌以藤、木或皮盾为主。铜盾、铁盾的质量实在是太重了，在瞬息万变的战场中不方便使用，即使在史料中出现过金属盾，也是稀少的个例。

随着冷兵器时代的结束，火药的诞生促进了枪炮的发展，盾牌难以抵挡枪炮的猛烈攻击，逐步退出了历史舞台，而在现代社会中，盾牌主要用于舞蹈表演、警用或军用装备上。虽然战争和冲突很难解决，但我们仍然希望世界和平。

# 5.4.2  甲胄

甲胄是保护战士的防护具。甲，即身上的铠甲；胄，即保护头部的头盔。

甲胄起源于史前，可能是动物坚硬的甲壳给了古人启示，他们以藤条、木片、皮革等为原材料，进行简单加工后制成甲胄，用来抵御石块、木石兵器的进攻。为了不影响攻击效果，只在要害部位使用，四肢并不穿甲。

经过考古，发现直到秦朝皮甲在使用上仍占据主导地位，虽然发现了金属铠甲，但是皮甲仍是主流。

早期的皮甲可以整块使用，但不便于作战，人们把皮革切割成小块并连缀成大片使用，这样穿在身上贴身随形。不同地区的人制作皮甲使用的材料也不同，吴国制作"水犀之甲"，而"楚人鲛革犀兕以为甲"。

皮甲坚固厚重，有一定的韧性，不仅青铜兵器难以刺破，轻型的钢铁兵刃也难以穿透。皮甲的制造在东周臻于成熟，可以批量生产甲片；甲片用丝带编连，在不同的部位分别采用固定式编缀和活动式编缀，兼顾皮甲的坚固耐用和人体活动自由；表面髹漆，用来保护皮质和装饰。

当更为精锐的钢铁兵器出现在战场上时，钢铁铠甲才逐步代替了皮甲。从出土的铁铠甲遗物复原图来看，它们是在皮甲的基础上发展而来的，铁甲甲片同样需要用绳索编连起来。此后，铁铠甲成为历朝主流，甲片趋向小型化，也出现一些新型铁铠甲。到了明清时期，随着火器的发展，传统铠甲难以抵御火器的伤害，从而走向衰落。

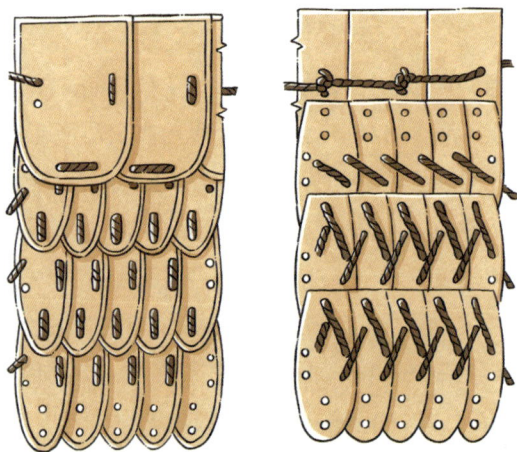

汉代铁甲片的编缀方式

湖北曾侯乙墓皮甲复原图

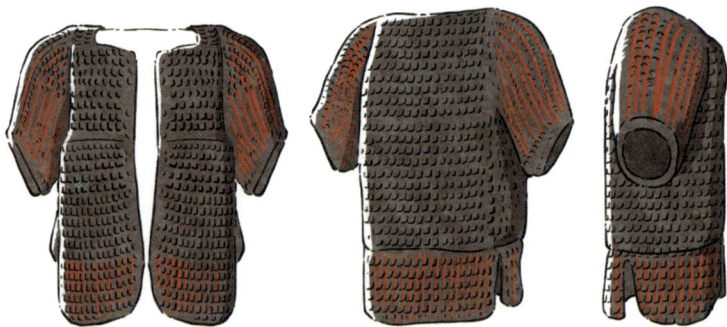

西汉铁铠甲复原图

说完了甲，再来说胄。胄是圆形的头部防护具，用来保护头部，只露出眼睛，战国时期以后被称为兜鍪，宋代以后被称为盔。据文献记载，在上古时期的部落战争中，蚩尤部落最先发明保护头部的装具，并把兽角缚于其上，既可以保护头部，又可以在近身搏斗时顶人。

最早的胄是用藤条编结或用兽皮制作而成的。最早的金属头盔是青铜胄，出土于河南的商代墓葬。从出土的商代头盔来看，当时的头盔为整体范铸而成的。

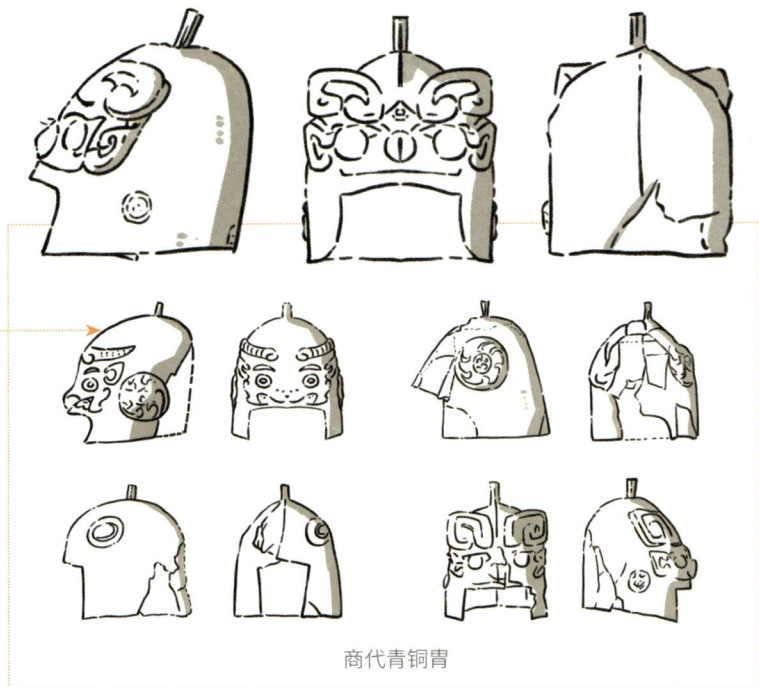

头盔前面可以遮住眉毛，左右两边和后面都向下延展，可以保护双耳与颈部，高20厘米左右，重量为2~3千克。

商代青铜胄

到了战国时期，铁制兜鍪出现了，它是用近100块铁甲片编缀而成的，从顶部开始，一层一层地编在一起，共有7层，高26厘米。这种头盔的形制延续了上千年。

虽然昔日威风凛凛、肩负战斗使命的将士们已经成为历史，但是他们使用过的甲胄却让我们了解了古人的智慧和发明，让我们了解了他们的戎马一生。

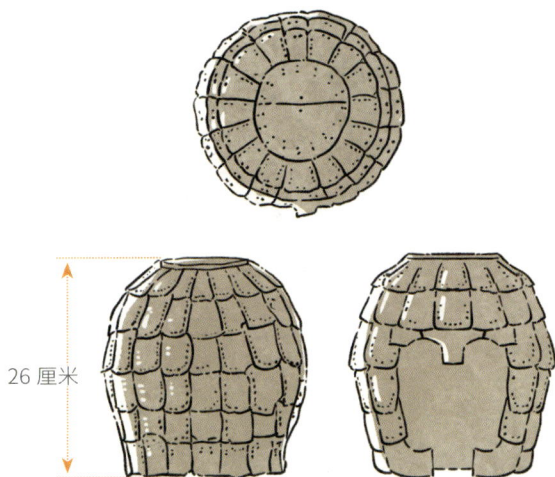

26厘米

战国铁兜鍪

**知识拓展：**

① 战国时期曾侯乙墓葬中的皮甲复原后有181片甲片，主体部分分5排编缀。

② 1998年，秦始皇陵园区域出土了大量石甲胄，这些甲胄制作精细，是用石材模拟真实铠甲的甲片，用扁铜丝连缀在一起。其中两件石甲甲片短小，组合细密，共800多片，这是我国现知的最早的鱼鳞甲实例。不过，这些用石材制作的铠甲和兜鍪并不是实战装备，而是明器。

③ 宋代文献中记载有纸质甲，推测应为仪仗用具，不是实战防具。

④ 我国古代铠甲始终以索绳编连甲片为主要形制，欧洲金属铠甲则是以铆合和销连接将较大板块结构连在一起形成的。

# 5.5　军事战备

随着时代的发展和社会的进步，民族和地区之间的战争逐步升级，战争的形式也随着时代和社会的变化而不断变化，不同阵营之间的角力从手边的兵器发展到以军事集团为单位的大型战备之间的竞争。自古以来，各国总会把最好的材料和技术应用在军事方面，依据不同的自然环境所开发设计的战备设施能够代表一个国家在特定年代的科技实力。

## 5.5.1　战车

阅读先秦的历史故事，那些描写战争的场面总是离不开战车。武王伐商时在牧野有"戎车 300 乘"，春秋时期的晋楚城濮之战中，晋国出动战车 700 乘……

马和车的结合，让军队在战场上具备灵活的机动性和强大的冲击力，在平原战场上运用战车，对于压制早期的步兵有明显优势。借由考古发现越来越多的先秦时期的战车，我们可以代入那个充满跌宕起伏情节的故事中，一见当年战车的样貌和威力。

独辕　　两轮　方形车厢（舆）　长轮毂

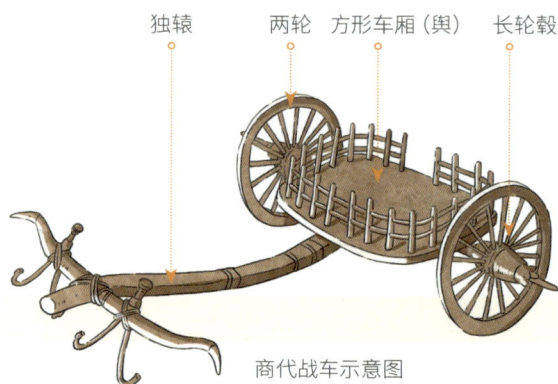

商代战车示意图

从商周考古发现得知，当时的马车都是独辕、双轮、长轮毂，方形车厢（舆），可容纳三人，门开在后面。车前驾两匹马（商代）或四匹马（周代），"司机"只有站在正对车辕的正中位置上，才能保持车子的平衡并很好地御马。

戎　　　　主将　　　御
战斗的　　　　　　　任务御马
武士。　　　　　　　驾车。

出土带有兵器的战车上，左右各一组兵器，专家据此推测了战车上乘员的位置和身份：三人分别是中间的"御"，位于御左侧的主将和右侧的戎（或"戎右"）。他们的兵器有远射的弓矢、格斗的长柄武器戈、卫体的短武器刀等。

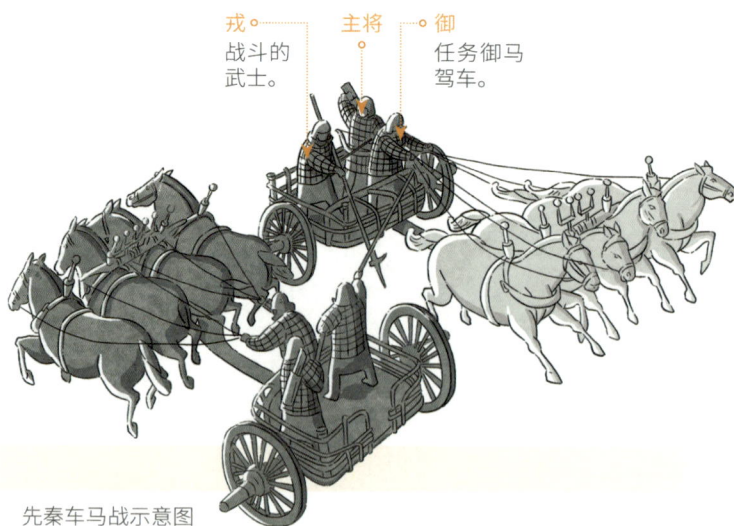

先秦车马战示意图

那么，这样的战车如何作战呢？

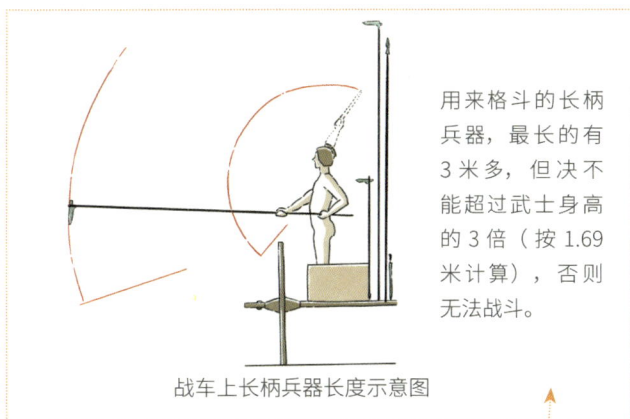

用来格斗的长柄兵器，最长的有3米多，但决不能超过武士身高的3倍（按1.69米计算），否则无法战斗。

战车上长柄兵器长度示意图

首先，车战只能采用一线横列作战。因为一乘战车宽3米左右，驾上马以后全长有3米左右，也就是说，一乘战车至少要占9平方米。这样的一个作战单位在纵深配置上很难施展。

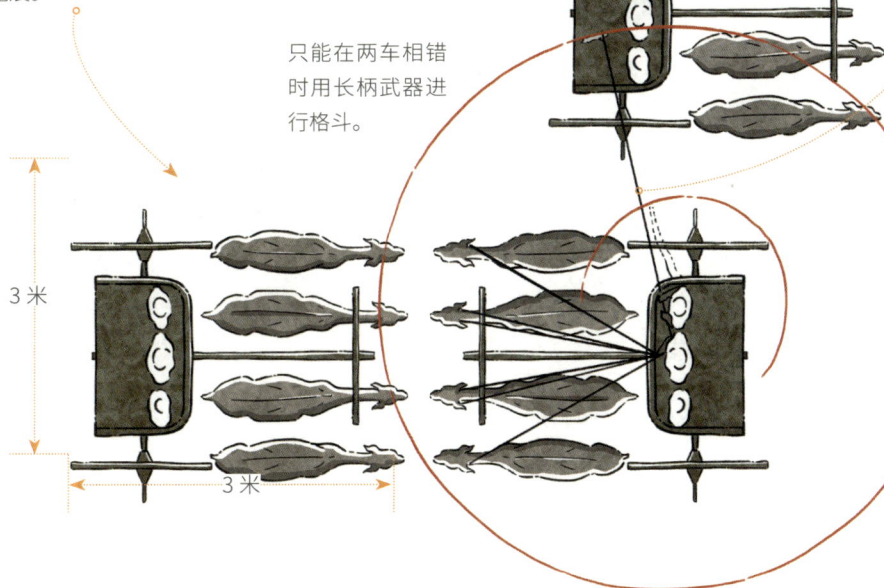

只能在两车相错时用长柄武器进行格斗。

3米

3米

其次，双方战车排成横队互相接近，先是用弓矢对射，然后是逼近格斗，由于战车本身结构上的限制，使得两车即使近距离接触，侧面的间距也在1.6米左右，车上的战士无法"面对面攻击"。

战车也有局限性，一旦它脱离了平坦的地形，就不能使用了。史书就曾记载过，因战车的马被树钩挂住而无法前行，结果战车上的人全部被俘虏。

看来威风霸气的战车也不是全能的呀！

**知识拓展：**

① 周代的战车基本延承商代，战车数量甚至成为一个国家实力强弱的标志，不同的国家有"千乘之国""万乘之国"之别。大规模的车战，更考验指挥者的才能，但是单车对阵的方式基本没有变化。

② 因为短的卫体兵器在车战时够不到，所以只有在车毁马伤的地步才会使用。

## 5.5.2　甲具骑装

在西方的历史上，受过严格训练的骑兵后来成了精英阶层，甚至形成了专有的文学类别。但是，你是否知道西方的骑士阶层与我国的发明有关？

### 中国骑兵

在东晋南北朝时期，许多少数民族陆续进入中原先后建立了政权，原本生活在北方边陲地区，以游牧经济为主，擅长驭马的他们培养了自己的重骑兵并将其作为军队主力，重骑兵的配置是骑手和战马都身披铠甲的甲具骑装。历史发展到这一时期，战士的铠甲早已发展成熟，而甲具骑装的发展，一方面需要完备的骑马用具，另一方面需要保护战马的完备铠甲，而这两个条件是在东晋十六国才成熟的。

马镫

装配有马镫的西晋陶骑俑

### 马鞍和马镫

马鞍和马镫都是为了让骑兵能够在马上更加稳定、安全，让人与马"合二为一"，将马的行进与人的击杀融为一体。不过，看似不起眼的马鞍和马镫也是经过了漫长的历程才出现在人们的生活中，并对后世产生了深远的影响。

马鞍可以更好地稳定骑兵的身体。历史上，骑兵先是从骑光背的马到在马背上加垫褥，再到发明前后都有高鞍桥的马鞍，经历了漫长的过程。从秦汉时期出土的兵马俑来看，两个朝代的鞍垫的基本形态差不多。不过，从西汉后期到魏晋南北朝时期，马鞍由鞍垫发展成前后有翘起的高鞍桥马鞍。

骑兵的安全一方面来自马鞍的安置，另一方面来自马鞍的造型稳定。大家有没有觉得马鞍和我们吃过的薯片很像？将薯片做成马鞍的形状就是为了让薯片在运输过程中不轻易破碎，当你下次吃薯片的时候可以观察一下，是不是每吃一个薯片，它变成的碎片都不一致。这也说明了马鞍会分散人体坐上去的作用力。马鞍面的表面其实是一种曲面，又叫双曲抛物面。

英国的科技史学者李约瑟形容："人类骑马史上的大多数时间里双脚都无所寄托，只是到了大约公元3世纪，中国人改变了这种局面。"美国学者罗伯特更是在书中写道："没有中国的马镫，西方便不可能有中世纪的骑士，也没有骑士制度的时代。"

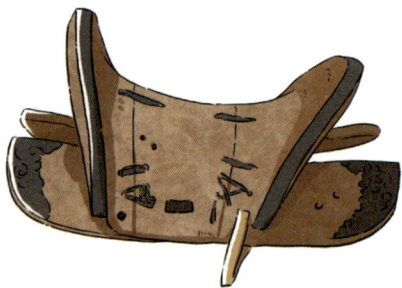

结构之间相互作用，相互稳固，既能抗压又能抗拉，在压力和拉力之间形成巧妙的平衡。

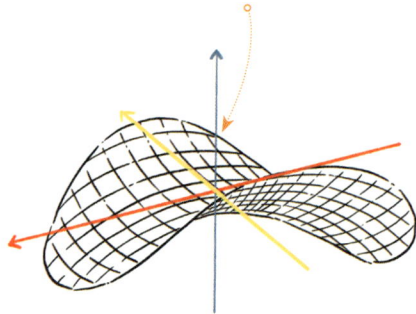

我国是世界上最早使用马镫的国家之一，在河南安阳的一处两晋时期的墓葬中，发现了一套完整的精美马具，其中有一只单马镫。单马镫仅用于方便骑兵上马借力使用，骑上马背之后就不再使用它了。

到了十六国时期，双马镫已经非常普遍了，在我国东北地区的一些墓葬中，马镫和马铠、人铠同时出土，它们的关系可见一斑。双马镫的使用可以把人和马的力量集合在一起完成比较复杂的战术动作，使人在高速运动中充分发挥战斗力。

马鞍和马镫的装备，让骑兵对马匹的控制变得更轻松，从而更容易掌握战术动作，列队排阵。

世界上最早的双马镫

## 甲具骑装

重骑兵的配置就是马也要穿铠甲，具装或具装铠在古代就是马铠。以鲜卑政权来说，当时军中有具装铠战马的数量用万千来计，足以说明它的规模和军事地位。得益于考古学家的发现，我们可以看到十六国时期铁制的马具装铠的样貌，结合同一时期出土的陶俑，可以模拟出当时甲具骑装的形态和用法。

马铠的材料多以钢铁为主，面帘由大型的特殊夹板铆接成型，寄生也采用大块金属制作成植物花叶形。

鞍鞯和镫

**寄生**
立在马尻部，用于保护马上骑乘战士的后背，并起装饰作用。

**面帘**
保护马头面。

**搭后**
保护战马后臀。

**鸡颈**
保护马脖颈。

**当胸**
遮护战马前胸。

**马身甲**
保护战马躯干。

鸡颈、当胸、马身甲和搭后则由大小不等的甲片编缀而成。马铠的甲片在规格上比人铠的更大、更厚、更重，整个马铠甲片的使用超过 3000 片。

在东晋十六国时期，当时我国北方一片混乱，各族统治者凭武力纷纷建立政权，相互征伐，重装骑兵的威力充分体现了出来，千万匹体披具装铠的战马，身负全副甲胄的骑兵，纵横驰骋在广阔的原野之上，留下了一段浓墨重彩的历史。

## 5.5.3 巢车

日常生活中穿梭于高楼大厦的我们，没有电梯是万万不能的！电梯真的是人类社会的一大发明，有了它，我们可以轻松地"飞离"地面，连摩天大楼都上得去。说到电梯，我国古代也有类似的装置——巢车。

不过，巢车最早并不是用来爬楼的，而是用于军事侦察的。知彼知己，百战不殆，了解敌情对于掌握战争的主动性有至关重要的作用，古代没有侦察机，也没有定位系统等侦察技术，人为地创造战场的"制高点"侦察敌情是古人作战的策略，巢车正是在这种需求下诞生的。

巢车是我国春秋时期使用在军事上的活动瞭望台，它可以用人力或畜力拉行到方便侦察的地方。瞭望台利用辘轳自由升降，以便观察敌情，由于人在板屋内如鸟在巢中，故得名巢车。

虽然巢车被称为车，但是我们要了解的重点是"巢"。先看看巢车的组成，它由底座、立柱活动台、辘轳绳索定滑轮等构件组成，是古代的装甲侦察车。

通过绳索的外力牵引穿越过高架上的辘轳来实现板屋的升吊，像今天的电梯一样，地面上的人可以原地升高侦察远处的敌情。

车面上竖起两根数丈高的立柱，形成支架，架子横梁的顶端固定一个旋转的辘轳，用绳索跨过辘轳再穿过车上小板屋的顶部。

巢车底部装有轮子可以推动，可以通过外力调整方位。

学过物理的人一定猜得出巢车的升降原理来自定滑轮装置，巢车支架上端的轱辘就是定滑轮，而定滑轮的本质是等臂杠杆。只不过杠杆可以是笔直的，也可以是弯曲的，等臂杠杆属于弯曲的杠杆。古希腊物理学家阿基米德曾说："给我一个支点，我就能撬起整个地球。"这其实说的是杠杆四两拨千斤的原理，下面我们用一个公式来说明。

它就像我们曾经玩过的跷跷板。如果坐在一边的人想让另一边的人翘起来，自己的体重和向下施加的重力就要和对面人的一样大。

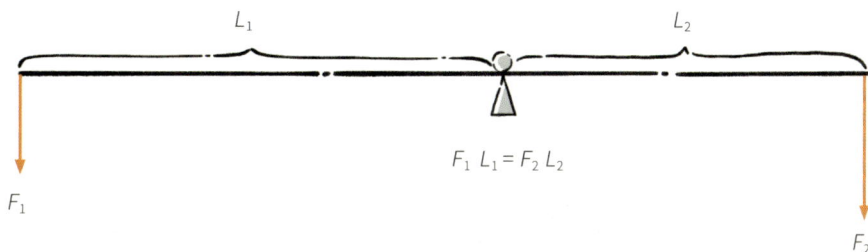

$$F_1 L_1 = F_2 L_2$$

公式"动力 $F_1 \times$ 动力臂 $L_1 =$ 阻力 $F_2 \times$ 阻力臂 $L_2$"说明了杠杆中施力、重力，以及距离支点距离的关系。而定滑轮就是等臂杠杆的支点，虽然等臂杠杆不能省力，但是它可以改变力的方向。巢车就是通过向下拉动滑轮实现板屋的垂直与上升的。

板屋四面共开有 12 个孔洞用于观察外面的情况，板屋外层面有生牛皮加强保护。板屋像一个鸟巢一样悬在空中，故名巢车。早在春秋时期晋国和楚国的鄢陵之战中，楚共王就在太宰伯州犁的陪同下登上巢车察看敌情，并且根据文献中乘上巢车的人数来推测，此时巢车的体积应该很大。

巢车这种侦察装置很容易暴露在敌方视野中，在军事活动中的应用逐渐减少。今天，电梯能够给我们"上上下下的享受"，其中滑轮装置做了很大的贡献。张家界架起的百龙天梯就可以把人垂直升到 300 多米的山上，这可是古代的巢车达不到的高度呢。

**知识拓展：**
①《左传》中曾有"楚子登巢车，以望晋军"的记载，说明春秋时期已经出现巢车。
②宋代出现了一种将望楼固定在高竿上的"望楼车"，形制较为复杂、完备，但是它的基本原理和巢车的一样。
③巢车内的"侦察兵"以旗语的方式向下面的将士通报敌情。
④在古代，有一种叫轒辒（fén wēn）车的攻城工具和巢车在形式上有些相似。轒辒车是用来掩蔽攻城人员的攻城作业车，其外形像一座房子，车上设一屋顶形木架，蒙有生牛皮，外涂泥浆，里面可以容纳 6~10 人。士兵在"房屋"的保护下行进、作业，可用它运土、填沟、掘城墙、挖地道；人们躲在里面可以免遭来自城上敌人弓箭、滚石、火攻、木檑的伤害。

## 5.5.4　云梯

说起云梯，大家可能不会陌生，它是现代消防工作中的重要装备。当高层建筑失火时，勇敢的消防战士需要架起高高的云梯靠近建筑进行救援。云梯颇有历史，它在古代是一个重要的攻城装备。

春秋战国时期，城市开始陆续建成。各地城池环壕建筑迅速发展，易守难攻的城墙拔地而起，成为军事防御的重要屏障。城市作为统治者建立的政治经济文化中心，在战略上具有重要地位。城市是兵家必争之地，我国古代军事史上有很多与城池攻守有关的故事。

云梯是古代攻城战中攻城方架在城墙上攀登上去攻城的工具，攻城战士利用云梯构成的斜面杀上城墙。据文献记载，云梯是春秋时期鲁国工匠公输般发明的。因为没有图样流传下来，也没有发现实物，所以难以了解云梯当时的模样。

云梯架在城墙上形成的斜面方便战士攀登，云梯与城墙、地面构成的三角形相对稳固，守城方想从反方向推拒已经钩在城墙上的云梯几乎是不可能的。

从战国时期的青铜器纹样中可以看出云梯的基本构成：早期的云梯和现在的梯子差别不大，只是比现在的梯子更长，云梯底部有车轮，梯身可以上下俯仰，攻城时靠人力扛抬，倚架于城墙上，云梯的顶端装有钩状物，用于钩援城缘，使之免遭守军的推拒和破坏。

**知识拓展：**
① 《孙子兵法》中认为攻城是"不得已"的下策，而孙膑强调攻城战，这是军事战略思想的重大转变，随后出现了许多攻城装备。墨子基于"非攻"的思想有一套守城的主张，相对应的，守城也有相应的守城装备和武器。
② 攻城战向来是最危险也是最艰难的，就连诸葛亮也在陈仓之战的攻城中铩羽而归。率先登城成功的叫先登，是古代最大的战功之一，先登的人可以获得丰厚的赏赐。
③ 在使用云梯攻城之前，攻城战争已经完成了环壕、护城河的填补和跨越，并用抛石机对守城方进行多番压制。
④ 大型攻城器械不适合士兵长途跋涉时带着，云梯等装备大多是临阵打造。

到宋代，云梯已经成为比较先进的重型车梯。

打开梯子后，钩援可以"抓"在城墙上。

云梯采用的是中间以转轴为连接的折叠式结构，打开后的云梯可达到和城墙一样的高度。

梯子的宽度可满足多人同时行进，可相互掩护。

云梯底部为主梯，主梯外部包着生牛皮，战士既可以在里面躲避，又可以在内部推动云梯。

6 个轮子

是不是很像巢车和辒辌车？

宋代官修的军事百科全书《武经总要》中《攻城法》记载，云梯底部以大木为床，梯身分两段，待计算好攀爬距离后再打开第二段攻城。

　　云梯只是古代攻城战争中众多攻城装备的一种，明代后期，枪、炮等火器在攻守城池的战争中被使用，云梯这类笨重的器械逐渐在战场上消失了。

**图书在版编目（CIP）数据**

天工奇巧：图解中国古代器械 / 刘庆天等编著；

杜田, 朝汛绘. -- 北京：电子工业出版社, 2025. 3.

ISBN 978-7-121-49743-8

Ⅰ. N092-64

中国国家版本馆CIP数据核字第2025FC9177号

责任编辑：王佳宇

印　　刷：北京启航东方印刷有限公司

装　　订：北京启航东方印刷有限公司

出版发行：电子工业出版社

　　　　　北京市海淀区万寿路173信箱　邮编：100036

开　　本：787×1092 1/16　印张：7.75　字数：198.4千字　　插页：3

版　　次：2025 年 3 月第 1 版

印　　次：2025 年 3 月第 1 次印刷

定　　价：98.00 元

凡所购买电子工业出版社图书有缺损问题，请向购买书店调换。若书店售缺，请与本社发行部联系，联系及邮购电话：（010）88254888，88258888。

质量投诉请发邮件至zlts@phei.com.cn，盗版侵权举报请发邮件至dbqq@phei.com.cn。

本书咨询联系方式：（010）88254161~88254167转1897。